AF537555

Maike Wilstermann-Hildebrand · Pflanzen im Aquarium

Maike Wilstermann-Hildebrand

Pflanzen im Aquarium

Richtig kombinieren und pflegen

Dähne Verlag

Fotonachweis:
Alle Fotos sind von der Autorin, außer den besonders gekennzeichneten.
Titelfoto: © Chonlasub – stock.adobe.com

Bibliografische Information der Deutschen Nationalbibliothek

Die Deutsche Nationalbibliothek verzeichnet diese Publikation in der Deutschen Nationalbibliografie; detaillierte bibliografische Daten sind im Internet über http://dnb.dnb.de abrufbar.

ISBN 978-3-944821-78-8

Druck: Beltz Grafische Betriebe GmbH
Lektorat: Ulrike Wesollek-Rottmann
Layout und Cover: Kathrin Gerlach

Printed in Germany

Vorwort

Die Pflege von Aquarienpflanzen erscheint vielen Aquarianern aufwendig und schwierig. Oft liegt es am schlechten Pflanzenwuchs und daran, dass Algen im Aquarium überhandnehmen, wenn das Hobby aufgegeben wird. Die richtigen Aquarienpflanzen sind jedoch wertvolle Helfer bei der Wasserpflege.

Ich stelle in diesem Buch bevorzugt solche Pflanzen vor, die ohne den Einsatz einer zusätzlichen Kohlendioxiddüngung und ohne spezielle Pflanzenlampen gut im Aquarium wachsen. Voraussetzung dafür ist die Auswahl geeigneter Arten, die für die jeweiligen Wasserwerte, die Temperatur und den Tierbesatz geeignet sind.

Damit bietet dieses Buch alle notwendigen Informationen, um auch ohne Vorkenntnisse Erfolg mit einer schönen Aquarienbepflanzung zu haben. Für die verschiedenen Aquarientypen (Gesellschaftsbecken, Diskusbecken etc.) gibt es Top-Ten-Listen mit besonders empfehlenswerten Arten. Tabellen helfen, die Pflanzen nach der Wuchshöhe und dem Lichtangebot passend auszuwählen.

Auch Aquarianer ohne botanische Kenntnisse haben mit diesem Handbuch ein Nachschlagewerk, das bei der Auswahl geeigneter Aquarienpflanzen hilft, beim Auftreten von Problemen eine schnelle Diagnose liefert und passende Lösungsansätze bietet.

Warendorf, Februar 2022

Maike Wilstermann-Hildebrand

Maike Wilstermann-Hildebrand
ist Diplom-Gartenbauingenieurin und seit ihrer Kindheit Aquarianerin. Aquaristisch interessiert sie sich hauptsächlich für Aquarienpflanzen und Wasserschnecken sowie für deren Zusammenspiel im aquatischen Ökosystem ■

Inhaltsverzeichnis

Foto: © Thiradech – stock.adobe.com

CAU, Hong Kong

Aquarienpflanzen

Aquarienpflanzen sind mehr als nur Dekoration. Sie dienen den Fischen als Versteck, Reviermarkierung sowie als Laichsubstrat, und sie reinigen das Wasser von ihren Stoffwechselprodukten. Wasser, Bodengrund, Tiere und Pflanzen im Aquarium stehen in einer vielfältigen wechselseitigen Beziehung. Wenn es gelingt, die Lebensansprüche der Pflanzen und Tiere in Einklang zu bringen, entwickelt sich ein kleines Ökosystem, das nur wenig regulierende Eingriffe benötigt. Aquarienpflanzen haben darin die Aufgabe, das Wasser zu regenerieren.

Bakterien im Filter und im Boden wandeln unter Verbrauch von Sauerstoff schädliche Stoffwechselprodukte der Aquarienbewohner um und geben sie dann in anderer Form wieder an das Wasser ab. Lebende Aquarienpflanzen entziehen dem Wasser dagegen Ammonium, Nitrit, Nitrat, Phosphat und Kohlendioxid, während sie gleichzeitig Sauerstoff produzieren. Dadurch müssen seltener Wasserwechsel gemacht werden. Der Einsatz von Filtermaterialien, die Nitrat oder Phosphat binden, wird überflüssig. Algenplagen werden vermieden. Je gesünder und kräftiger die Pflanzen im Aquarium wachsen, desto weniger Eingriffe sind notwendig, damit die Wasserwerte stabil und die Tiere gesund bleiben. Damit das gelingt, muss sich ein biologisches Gleichgewicht zwischen den tierischen Aquarienbewohnern und den Pflanzen einstellen.

Damit sich ein stabiles biologisches Gleichgewicht einstellt, muss das Verhältnis zwischen Wassermenge, Fischmasse und Pflanzenwuchs stimmen

Der Kreislauf im Aquarium

Durch das Futter gelangen ständig Proteine, Fette, Vitamine und Mineralstoffe ins Aquarium. Einen Teil davon nutzen die Tiere, Reste scheiden sie mit dem Kot wieder aus. Nicht gefressenes Futter und unverdaute Nahrungsreste aus dem Kot werden von Schnecken und Mikroorganismen wie Würmern, Rädertieren und Amöben verwertet. Sie zersetzen tig, andererseits ist Stickstoff ein unverzichtbarer Nährstoff für Pflanzen. Fische geben ständig Ammonium und Harnstoff als Abfallprodukte aus ihrem Eiweißstoffwechsel ab. Bakterien im Boden und im Filter wandeln diese Stickstoffverbindungen in mehreren Stufen erst in Nitrit und dann in Nitrat um. Je mehr und eiweißreicher gefüttert wird, desto

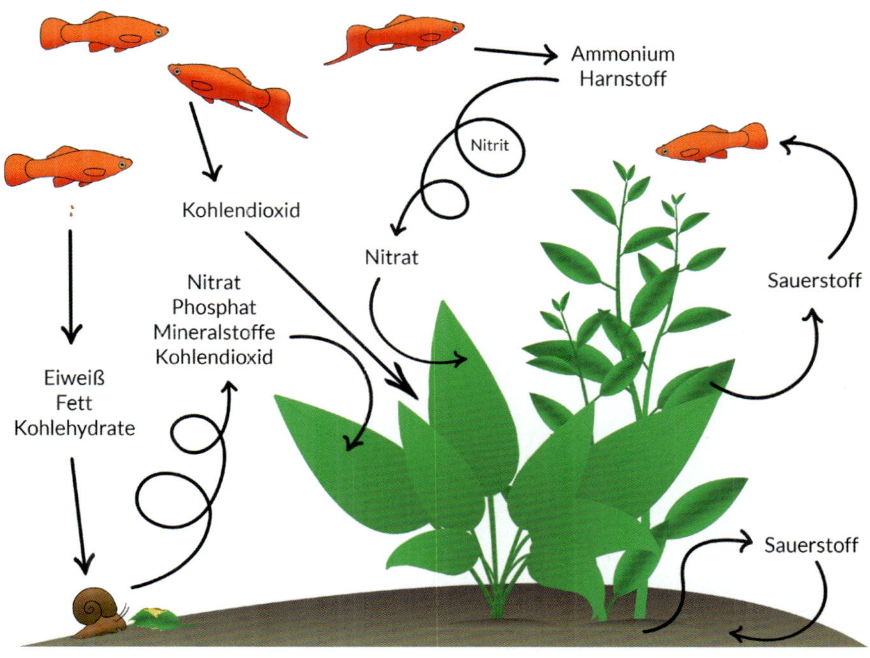

Stoffkreislauf im Aquarium

die organischen Verbindungen, bis sie in ihre mineralischen Bestandteile zerfallen. Diese Abbauprodukte sind ein guter Pflanzendünger.

Von besonderer Bedeutung ist der Stickstoffkreislauf im Aquarium. Zum einen sind die Stickstoffverbindungen Ammoniak und Nitrit für Fische hochgif- schneller steigt der Nitratgehalt im Wasser an. Die Pflanzen ihrerseits brauchen Stickstoff. Sie nehmen ihn als Ammonium, Nitrit und Nitrat auf und reinigen so das Wasser. Je mehr schnell wachsende Pflanzen im Aquarium sind, desto schneller wird dem Wasser Stickstoff entzogen. Stehen Nährstoffeintrag und

Pflanzenwuchs in einem ausgewogenen Verhältnis, pendelt sich der Nitratgehalt im Aquarium auf einem niedrigen Niveau ein. Dann sind nur wenige, kleine Wasserwechsel notwendig. Sind zu wenige oder die falschen Pflanzen im Aquarium, steigt der Nitratwert schnell an. Um übermäßigen Algenwuchs zu vermeiden, muss dann häufiger und mehr Wasser ausgetauscht werden.

Was sind Aquarienpflanzen?

Als Aquarienpflanzen werden alle lebenden Pflanzen bezeichnet, die dauerhaft im Aquarium wachsen können. Zusätzlich müssen die Pflanzen mit einem verhältnismäßig geringen Lichtangebot bei konstant hohen Temperaturen auskommen, dürfen nicht zu groß werden und müssen regelmäßigen Rückschnitt gut vertragen.

Armleuchteralgen (Characeae) sind ursprüngliche Wasserpflanzen und habe gemeinsame Vorfahren mit den ersten Landpflanzen

Die meisten Aquarienpflanzen sind Gefäßpflanzen (höhere Pflanzen) und haben eine lange Evolutionsgeschichte hinter sich. Alles begann vor etwa einer Milliarde Jahren mit einer einzelligen Alge, aus der sich auf einer Linie Grünalgen und Rotalgen entwickelten und auf einer anderen Linie die Armleuchteralgen. Die Gefäßpflanzen haben einen gemeinsamen Vorfahren mit den heutigen Armleuchteralgen (Characeae). Diesem Urahn gelang es vor etwa 500 Millionen Jahren, das Land zu besiedeln, weil er Stützgewebe entwickelte, um den fehlenden Auftrieb des Wassers auszugleichen. Landpflanzen brauchen dickere Zellwände und eine Wachsschicht auf den Blättern, um Wasserverluste zu reduzieren. Gleichzeitig müssen sie aber den Gasaustausch mit der Umwelt sicherstellen. Dafür entwickelten sie Spaltöffnungen (Stomata), die sie gezielt öffnen und schließen können. Das namensgebende Leitgefäßsystem der Gefäßpflanzen dient dem schnellen Ferntransport von Wasser und Nährstoffen aus den Wurzeln in den Spross. Auch in der Fortpflanzung wurden die Landpflanzen unabhängig vom

Wasser. Statt schwimmfähiger, begeißelter Sporen bilden sie Blüten, die von Wind, Insekten oder anderen Tieren bestäubt werden.

Die Anpassung an das Landleben ist bei einigen Pflanzenarten so gut, dass sie sogar in der Wüste überleben können. Veränderungen in den Umweltbedingungen zwangen aber einige Gefäßpflanzen, sich in unterschiedlich starkem Maße wieder an eine aquatische Lebensweise anzupassen.

Echte Wasser- und Sumpfpflanzen

Die meisten Landpflanzen vertragen Staunässe nicht. Ihre Wurzeln verfaulen, wenn der Boden über mehrere Tage oder Wochen zu nass ist. Die Ausbildung eines Luftgefäßsystems (Aerenchym) ermöglicht Sumpfpflanzen einen schnellen Gasaustausch zwischen den oberirdischen Pflanzenteilen und den Wurzeln. So können sie trotz Sauerstoffmangels im Boden überleben.

Echte Sumpfpflanzen werden als Helophyten bezeichnet. Sie stehen mit den Wurzeln ständig im Schlamm, während Spross und Blätter immer aus dem Wasser herauswachsen. Zu ihnen gehören Rohrkolben, Schilf und Kalmus. Diese Pflanzen können nicht über längere Zeit vollständig untergetaucht überleben.

Die im Aquarium gepflegten Sumpfpflanzen gehören zu

Vallisnerien sind echte Wasserpflanzen, aber ihre Blüten werden an der Wasseroberfläche bestäubt (l.)

Amphiphyten wie der Indische Wasserfreund wachsen in der Natur sowohl über als auch unter Wasser (r.)

Am Indischen Wasserwedel (*Hygrophila difformis*) ist die Veränderung in der Blattform beim Übergang zum Leben über Wasser besonders gut zu sehen

einer Gruppe, die als Amphiphyten oder Pseudohydrophyten bezeichnet werden. Sie können sowohl ständig an Land als auch dauerhaft vollständig untergetaucht leben. Einige von ihnen bilden für das Leben unter Wasser völlig andere Blätter als über Wasser. Typische Vertreter dieser Gruppe sind der Indische Wasserfreund (*Hygrophila polysperma*) und die Rundblättrige Rotala (*Rotala rotundifolia*).

Echte Wasserpflanzen werden Hydrophyten genannt. Sie verbringen ihr ganzes Leben im Wasser und einige haben sich vollständig vom Leben an der Luft getrennt. Nixkräuter (*Najas* sp.) und Hornblatt (*Ceratophyllum* sp.) blühen sogar unter Wasser. Der Übergang zwischen Amphiphyten und Hydrophyten ist fließend. Beispielsweise sind Wasserpestarten echte Wasserpflanzen, aber trotzdem für die Bestäubung auf Insekten angewiesen.

Tropische Aquarienpflanzen

Abhängig von ihrer geografischen Verbreitung wird die Entwicklung von Pflanzen durch die Länge des Tages, Lichtstärke und Temperatur gesteuert. Die Bedingungen im Aquarium dürfen für eine erfolgreiche Kultur nicht zu weit von denen in der Natur abweichen. Typische Aquarienpflanzen für warme Süßwasseraquarien sind darum tropische Pflanzen und einige subtropische Arten. Die Bepflanzung für Kaltwasseraquarien ist dagegen im Teichpflanzenhandel zu finden.

Charakteristisch für die Tropen ist ein ganzjährig warmes Klima. Im mittleren Rio Negro in Brasilien schwankt die Wassertemperatur zum Beispiel zwischen 24 und 35 °C. Im Oberflächenwasser des Malawisees liegt sie zwischen 24 und 28 °C. Die Tageslänge verändert sich im Jahresverlauf nur wenig und liegt zwischen 10,5 und 13,5 Stunden. Das Leben von Pflanzen und Tieren wird durch den Wechsel von Regen- und Trockenzeiten bestimmt.

Der Gewellte Wasserkelch (*Cryptocoryne undulata*) kann nur blühen, wenn der Wasserstand niedrig genug ist

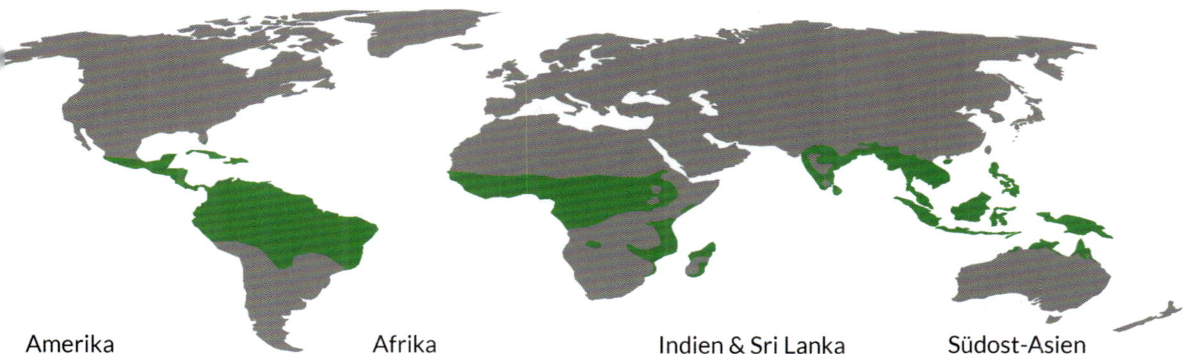

Amerika

chinodorus
acopa australis
geria densa
elianthum bolivianum
eteranthera zosterifolia
ydrocotyle leucocephala
laeopsis brasiliensis
ajas guadalupensis
ymphaea glandulifera
taurogyne repens

Afrika

Ammannia gracilis
Anubias afzelii
Anubias barteri var. barteri
Anubias barteri var. coffeifolia
Anubias barteri var. nana
Bacopa monnieri
Bolbites heudelottii
Ceratopteris cornuta
Nymphaea lotus
Vallisneria spiralis

Indien & Sri Lanka

Aponogeton crispus
Cryptocoryne beckettii
Cryptocoryne spiralis
Cryptocoryne undulata
Cryptocoryne walkeri
Cryptocoryne wendtii
Cryptocoryne x willisii
Limnophila aquatica
Pogostemon helferi
Pogostemon quadrifolius

Südost-Asien

Aponogeton undulatus
Crinum thaianum
Cryptocoryne crispatula
Cryptocoryne pontederiifolia
Hygrophila corymbosa
Hygrophila difformis
Hygrophila polysperma
Limnophila sessiliflora
Microsorum pteropus
Rotala rotundifolia

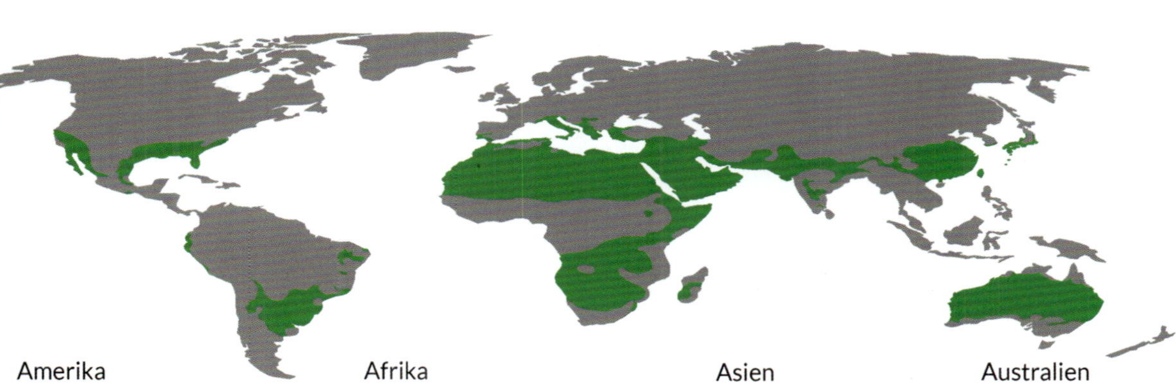

Amerika

acopa carolineana
geria densa
elanthium tenellum var. parvulum
emianthus micranthemoides
ydrocotyle verticillata
udwigia palustris
udwigia repens
icranthemum umbrosum
roserpinaca palustris
osterella dubia

Afrika

Ammannia crassicaulis
Bolbitis heudelotii
Ceratophyllum demersum
Ceratopteris thalictroides
Crinum calamistratum
Hydrocotyle verticillata
Limnobium laevigatum
Nymphaea lotus
Nymphaea micrantha
Vallisneria spiralis

Asien

Bacopa monnieri
Bolbitis heteroclita
Ceratophyllum demersum
Cryptocoryne crispatula var. balansae
Cryptocoryne crispatula var. crispatula
Hygrophila polysperma
Limnophila aromaticoides
Nymphoides sp. Taiwan
Taxiphyllum alternans
Vallisneria asiatica

Australien

Ceratopteris thalictroides
Crassula helmsii
Eleocharis acicularis
Glossostigma elatinoides
Marsilea spec.
Myriophyllum simulans
Pogostemon stellatus
Ranunculus papulentus
Vallisneria australis
Vallisneria nana

Beispiele für tropische und subtropische Aquarienpflanzen aus verschiedenen Regionen

Einige Sumpfpflanzen leben einen Teil des Jahres vollständig untergetaucht und kommen während der Trockenzeiten in flachem Wasser zur Blüte. Typische Vertreter dieser Gruppe sind die Wasserkelche (*Cryptocoryne* sp.). Andere Arten ruhen während der Trockenzeiten und treiben neu aus, wenn es zu regnen beginnt. Bei manchen Saisonpflanzen wie den Wasserähren (*Aponogeton* sp.) ist der Rhythmus von Wachsen und Ruhen genetisch vorgegeben und wird auch im Aquarium beibehalten. Die Pflanzen benötigen aber keine Trockenphase und können durchgängig im Aquarium weiter kultiviert werden.

Tropische Sumpf- und Wasserpflanzen können ohne Probleme dauerhaft im Aquarium bei einer Tageslänge von rund 12 Stunden gepflegt werden. Wichtig für ihre erfolgreiche Kultur ist eine Temperatur von mindestens 22 °C im Wasser und im Wurzelraum. Ist es kühler, stellen die Pflanzen das Wachstum ein.

Subtropische Pflanzen

Die Subtropen sind eine Klimazone mit warmen Sommern und mäßig warmen Wintern. Der Lebenszyklus der Pflanzen und Tiere wird durch die sich im Jahresverlauf ändernde Tageslänge und die Temperatur gesteuert.

Pflanzen und Tiere sind an stark schwankende Wassertemperaturen angepasst. Im Winter sinken die Temperaturen im Yangtse z. B. in China auf 12 °C und im Mississippi bei Memphis auf 4 °C. Im Sommer steigen die Wassertemperaturen auf 26 °C bzw. bis auf 32 °C. Tiere aus den Subtropen benötigen die kühlen Wintertemperaturen, damit sie fruchtbar bleiben und nicht zu schnell vergreisen. Subtropische Pflanzen können dagegen dauerhaft im Tropenaquarium bei Temperaturen über 23 °C gepflegt werden, wenn sie ausreichend Lichtstärke zur Verfügung haben. Je wärmer es ist, desto mehr Licht benötigen die Pflanzen.

In den Subtropen geht die Sonne im Winter bereits nach neun Stunden unter, während sie im Sommer bis zu fünfzehn Stunden scheint. Dieser Wechsel der Tageslänge steuert bei den Pflan-

Die Zellophan-Schwertpflanze stößt ihre dekorativen Unterwasserblätter an langen Tagen ab und bildet lang gestielte Landblätter

zen die Blütenbildung. Kurztagpflanzen wie die Kleinblütige Schwertpflanze (*Echinodorus grisebachii* „Parviflorus") und die Amazonas-Schwertpflanze (*Echinodorus grisebachii* „Amazonicus") bilden Blütenstände und Adventivpflanzen, wenn die Beleuchtungsdauer unter zwölf Stunden liegt. So können sie im Aquarium leicht vermehrt werden. Langtagpflanzen wie die Zellophanpflanze (*Echinodorus berteroi*) blühen dagegen bei Belichtungszeiten von mehr als zwölf Stunden. Bei der Zellophanpflanze ist das problematisch. Bekommt sie einen Blühreiz, wirft sie ihre dekorativen Unterwasserblätter ab und schiebt stattdessen bis zu einhundert Zentimeter lange Luftblätter aus dem Wasser.

Einige Aquarienpflanzen haben ein weites Verbreitungsgebiet und kommen sowohl in den Subtropen als auch in den Tropen vor, sie sind besonders unproblematisch in der Pflege.

Für Kaltwasseraquarien eignen sich Teichpflanzen

Foto: © Sergii Figurnyi – stock.adobe.com

Aufbau der Pflanzen

Wuchsformen

Grundlegende Kenntnisse über den Aufbau von Pflanzen sind für alle Aquarianer wichtig. Die Wuchsform entscheidet nicht nur über das Aussehen von Aquarienpflanzen. Sie hat auch Einfluss auf die Pflegemaßnahmen und die Art der Vermehrung. Anhand der Blattstellung und der Blattform können bei ähnlichen Arten pflegeleichte von anspruchsvollen Pflanzen unterschieden werden. Außerdem lassen sich die Ursachen von Kulturproblemen nur sicher bestimmen, wenn die genaue Position der Symptome an der Pflanze und innerhalb der Blattfläche bekannt ist.

Stängelpflanzen

Pflanzen mit einem langgestreckten, aufrechten Spross werden als Stängelpflanzen bezeichnet. Ihre Blätter wachsen in regelmäßigen Abständen, einzeln oder in Gruppen, an Blattknoten (Nodien). In den Blattachseln sitzen Knospen,

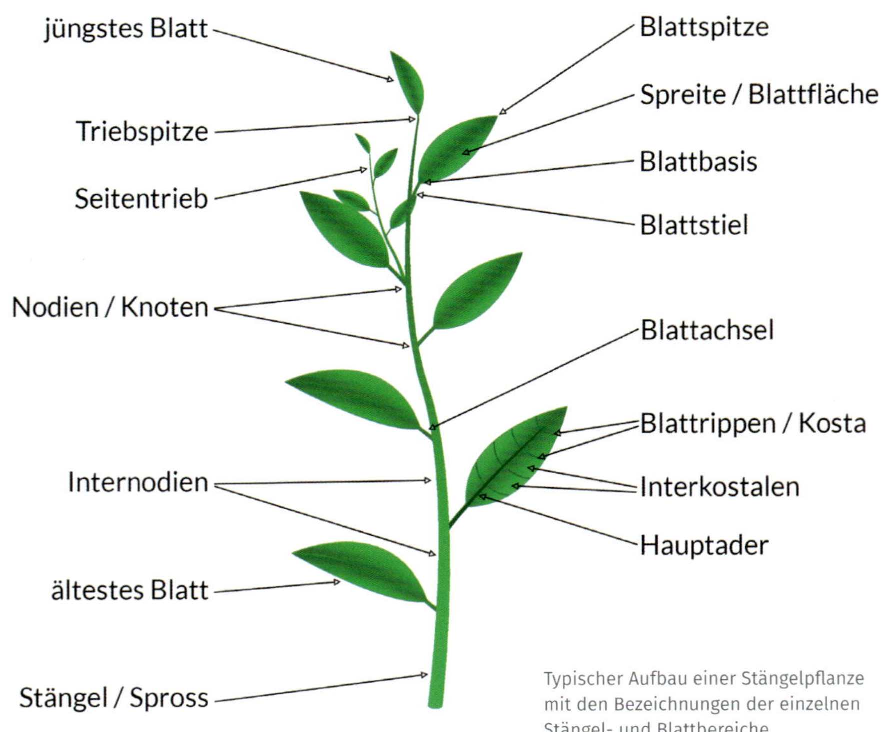

Typischer Aufbau einer Stängelpflanze mit den Bezeichnungen der einzelnen Stängel- und Blattbereiche

aus denen sich Seitentriebe, Blüten oder Wurzeln entwickeln können. Manche Arten haben stabile Stängel und stehen unter und über Wasser stramm aufrecht. Wenn sie im Aquarium die Wasseroberfläche erreichen, wachsen sie weiter und bilden Luftblätter. Andere Stängelpflanzen haben weichere Triebe. In der Sumpfkultur legen sie sich nieder und richten nur die Triebspitzen zehn bis fünfzehn Zentimeter hoch auf. Im Aquarium werden diese Pflanzen vom Auftrieb gehalten. Erreichen sie die Wasseroberfläche, wachsen sie meistens unter der Wasseroberfläche flutend weiter. Stängelpflanzen wirken am besten in Gruppen. Ihre Höhe kann durch Rückschnitt reguliert werden und ihre Vermehrung ist einfach durch Stecklinge möglich. Das Entfernen der Triebspitze fördert die Bildung von Seitentrieben.

Rosettenpflanzen

Hier ist der Spross gestaucht, sodass die Blätter alle dicht beieinander entspringen und eine Blattrosette bilden. Die Wuchshöhe dieser Pflanzen wird durch die Größe und die Stellung ihrer Blätter bestimmt und ist abhängig von Art oder Sorte. Junge Blätter bilden sich immer im Zentrum, die älteren Blätter sind außen. Viele Rosettenpflanzen haben ein kräftiges, verzweigtes Wurzelsystem und neh-

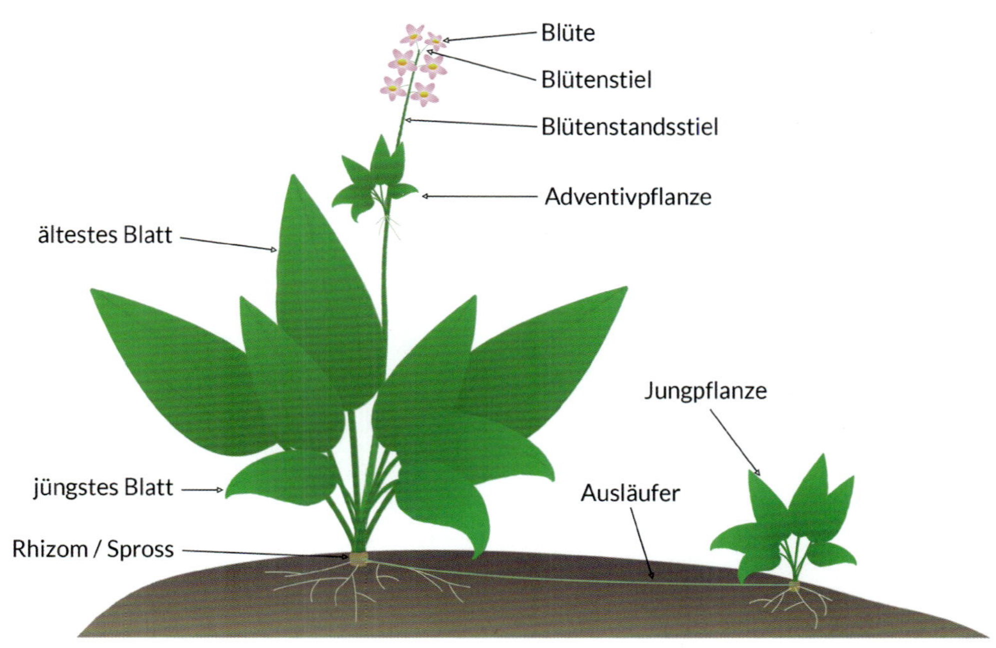

Aufbau einer Rosettenpflanze: Höhe und Breite sind abhängig von der Größe ihrer Blätter. Sie lassen sich nur in begrenztem Maße durch Pflege beeinflussen

men einen Großteil ihrer Nährstoffe aus dem Boden auf.

Blüten bilden sich an Blütenstandstielen, die aus den Blattachseln bis zur Wasseroberfläche wachsen können. Bei *Echinodorus* bilden sich an den Blütenstandstielen auch Adventivpflanzen. Bei anderen Arten entstehen Jungpflanzen an den Spitzen von Ausläufern (Stolonen). Bei Cryptocorynen und Vallisnerien haften diese Triebe im Boden. Bei *Helanthium* wachsen die Stolonen zunächst nach oben und sinken dann auf den Boden, um sich zu bewurzeln.

Kriechsprosspflanzen

Diese Pflanzen bilden Triebe, die am Boden entlang wachsen oder sich flach unter der Oberfläche durch das Substrat schieben. Die Sprosse wachsen von der Mutterpflanze aus in alle Richtungen. Sie bilden an jedem Blattknoten ein oder zwei Blätter und Wurzeln, mit denen sie sich im Substrat verankern und auch im Aquarium kriechend wachsen.

Die Wuchshöhe der Bestände wird bei Kriechsprosspflanzen durch die Länge der Blattstiele bestimmt. Kleinblättrige Arten wie das Australische Zungenblatt (*Glossostigma elatinoides*), Kleefarne (*Marsilea* sp.) und der Dreiteilige Wassernabel (*Hydrocotyle tripartita*) sind beliebte Vordergrundpflanzen. Sie wachsen mit der Zeit im Aquarium zu dichten Bodendeckern heran.

Die Hutpilzpflanze (*Hydrocotyle verticillata*) und der australische Flusshahnenfuß (*Ranunculus inundatus*) schießen dagegen auf nährstoffreichem Substrat und bei geringem Lichtangebot schnell in die Höhe. Sie können durch wiederholten Rückschnitt kurzgehalten werden, eignen sich aber besser für den Mittelgrund und die Randbepflanzung.

Aufbau einer Kriechsprosspflanze

Bei Kriechsprosspflanzen bilden sich an den bewurzelten Blattknoten Seitentriebe. So wächst *Glossostigma elatinoides* schnell zu einem dichten Bodendecker

Ranunculus inundatus ist eine Kriechsprosspflanze mit langen Blattstielen (o.)

Rheophyten wie *Bucephalandra* bilden feste Rhizome und kräftige Wurzeln aus, mit denen sie sich in Spalten und Rissen verankern (u.)

Rhizompflanzen

Als Rhizome werden Sprosse bezeichnet, die waagerecht im oder auf dem Boden wachsen. Ältere Exemplare von *Echinodorus* und Cryptocorynen bilden unterirdische Rhizome als Speicherorgane aus. Als Rhizompflanzen werden in der Aquaristik aber vor allem Rheophyten bezeichnet. Diese Pflanzengruppe wächst in der Natur an den Ufern von schnell fließenden Gewässern. Sie haften dort mit ihren zähen Wurzeln an Felsen und Holzstämmen und ihre Rhizome kriechen auf den Unterlagen entlang.

Abhängig vom Wasserstand sind Rheophyten vollständig unter Wasser, halb untergetaucht oder oberhalb der Wasserlinie im Spritzwasserbereich. Anders als typische Sumpfpflanzen bilden sie keine speziell an das Wasserleben angepassten Unterwasserblätter. Ihr

Aufbau einer Rhizompflanze

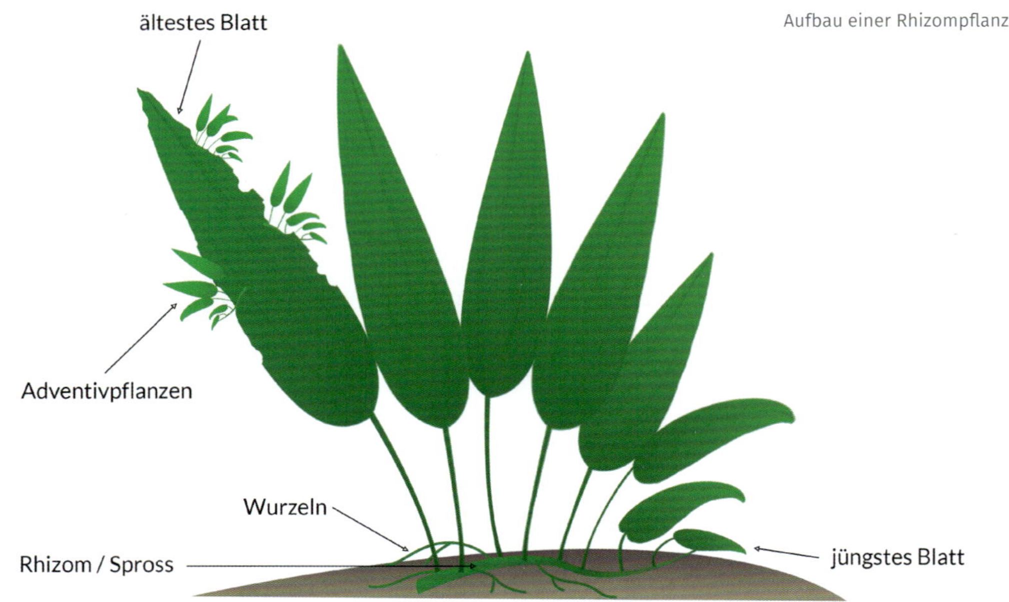

Das Zwergspeerblatt (*Anubias barteri* var. *nana*) kann als Aufsitzer auf Holz oder Stein sowie auch zum Begrünen von Rückwänden und Filtermatten verwendet werden

Laub ist so derb und fest, dass es ständige Wechsel der Wasserstände verträgt und über Jahre erhalten bleibt.

Rhizompflanzen wie Barters Speerblatt (*Anubias barteri*), Javafarn (*Microsorum pteropus*) und der Kongo-Wasserfarn (*Bolbitis heudelottii*) werden im Aquarium als Aufsitzerpflanzen verwendet. Ihre Wurzeln und Rhizome faulen, wenn sie im Substrat eingegraben werden.

Schwimmblattpflanzen

Sie sind im Grund verwurzelt und erreichen mit ihren Blütenstängeln und langen Blattstielen die Wasseroberfläche. Schwimmblätter sind im Aufbau vergleichbar mit dem Laub von Landpflanzen. Bei ihnen sind nur die Spaltöff-

Die Wassernuss (*Trapa natans*) bildet eine schwimmende Blattrosette mit einem langen, kahlen Stiel, der im Boden verwurzelt ist (r.)

nungen für den Luftaustausch an der Blattoberseite und nicht auf der Unterseite. Sie sind zum einen für die Energieversorgung der Pflanze wichtig, zum anderen ermöglichen sie aber auch einen effektiven Sauerstofftransport in die unter Wasser liegenden Pflanzenteile. Bei der Wassernuss (*Trapa natans*) sind unter Wasser nur kahle Stängel zu sehen. Diese seltene Kaltwasserpflanze kann in großen Outdoor-Aquarien und Miniteichen gepflegt werden. Tigerlotus

Die langstieligen Blätter müssen rechtzeitig entfernt werden, damit der Tigerlotus (*Nymphaea lotus*) keine Schwimmblätter bildet (r.)

Die bis zu 20 Zentimeter großen Schwimmblätter braucht der Tigerlotus, um zu blühen. Die dekorativen Unterwasserblätter stößt er ab, sobald das erste Blatt die Wasseroberfläche erreicht (u.)

(*Nymphaea lotus*) und andere Seerosen bilden als Jungpflanzen und zum Beginn ihrer Vegetationsperiode Unterwasserblätter, die kleiner, weicher und anders strukturiert sind als die Schwimmblätter. In dieser Jugendform sind sie dekorative Aquarienpflanzen. Damit sie blühen können, müssen sie aber die Wasseroberfläche erreichen und Schwimmblätter bilden. Darum beginnen Seerosen nach dem Anwachsen schnell, ihre Blätter mit langen Stielen zur Wasseroberfläche zu schieben. Wenn sich Schwimmblätter entwickeln, werden die dekorativen Unterwasserblätter jedoch abgestoßen. Um das zu verhindern, müssen die Blätter mit den langen Stielen regelmäßig zurückgeschnitten werden.

Schwimmpflanzen

Schwimmpflanzen treiben auf oder unter der Wasseroberfläche. Manche bilden Battrosetten und verfügen über Wurzeln, mit denen sie Nährstoffe aus dem Wasser aufnehmen. Andere sind mehr oder weniger verzweigte, wurzellose Stängelpflanzen. Sie versorgen sich ausschließlich über das Wasser mit Nährstoffen. Viele Arten wachsen sehr schnell und reinigen dabei effektiv das Wasser von Makronährstoffen. Gleichzeitig beschatten sie das Aquarium. Das sind ihre Vorzüge und gleichzeitig auch die größten Nachteile. Kleine Fische nutzen Schwimmpflanzen gerne als Deckung und auch größere Fische wie Diskus stellen sich gerne darunter. Fadenfische und Kampffische nutzen Schwimmpflanzen als Anker für ihre Schaumnester und

Die Wurzeln von Schwimmpflanzen werden von kleinen Fischen wie dem Siamesischen Zwergbärbling (*Trigonostigma somphongsi*) als Deckung genutzt

Auf dem Wasser treibende Schwimmpflanzen von links: *Ceratopteris pteridoides*, *Limnobium laevigatum*, *Pistia stratiotes* und *Spirodela polyrhiza*

auch viele Schneckenarten kleben ihren Laich gerne an die Wurzeln oder unter die Blätter.

Durch ihr schnelles Wachstum konkurrieren Schwimmpflanzen aber mit den untergetauchten Arten, die sie außerdem noch beschatten. Die Bestände müssen darum regelmäßig ausgedünnt werden, damit die Unterwasserpflanzen genug Licht bekommen.

Weil Schwimmpflanzen auf dem Wasser treiben, brauchen sie einen freien Luftraum über dem Aquarium. Froschbiss (*Limnobium laevigatum*) bildet nur sehr flache Rosetten und kann auch in Aquarien mit Abdeckung gepflegt werden. Die Muschelblume (*Pistia stratiotes*) kann aber Blattrosetten mit bis zu 30 Zentimeter Durchmesser und 20 Zentimeter Höhe bilden. Unter einer Aquarienabdeckung bildet sie meistens eine kleinblättrige Kümmerform aus. Außerdem verursacht Kondenswasser bei ihr Fäulnis, weshalb sie sich vor allem für offene Aquarien und Miniteiche eignet.

Blattstellungen und -formen

Die Blätter können einzeln, paarweise oder in Gruppen an den Blattknoten wachsen. Ihre Anordnung ist typisch für die jeweiligen Pflanzenarten und ein wichtiges Bestimmungsmerkmal, um ähnliche Arten voneinander zu unterscheiden.

Ist an jedem Knoten nur ein Blatt und die Blätter sind abwechselnd nach rechts und links ausgerichtet, ist die

Verschiedene Blattstellungen bei Stängelpflanzen

Bei *Proserpinaca palustris* sind die kammförmigen Blätter wechselständig (o. l.)

Pogostemon erectus hat quirlständige, linealische Blätter (u. l.)

Unterschiedliche Blattformen

Blattstellung zweizeilig. Sind die einzelnen Blätter um weniger als 180 Grad zueinander versetzt, bilden sie eine Spirale um den Stängel. Diese Blattstellung wird als wechselständig oder schraubig bezeichnet. Sie ist zum Beispiel charakteristisch für das Amerikanische Kammblatt (*Proserpinaca palustris*).

Stehen sich an jedem Knoten zwei Blätter gegenüber, sind sie gegenständig. Wenn die Blätter von zwei aufeinanderfolgenden Knoten um 90 Grad zueinander um den Stängel versetzt sind, dann wird das als kreuzgegenständig bezeichnet. Diese Blattstellung findet man zum Beispiel bei den Fettblättern (*Bacopa* sp.), dem Indischen Wasserfreund (*Hygrophila polysperma*), der Rundblättrigen Rotala (*Rotala rotundifolia*) und den Haarnixen (*Cabomba* sp.). Mehr als drei Blätter an einem Knoten bilden einen Quirl oder ein Wirtel. Blattquirle findet man unter anderem bei Hornblatt (*Ceratophyllum* sp.), Tausendblättern (*Myriophyllum*), den Wassersternen (*Pogostemon* sp.) und den Wasserfreunden (*Limnophila* sp.). Anhand ihrer quirlständigen Blätter lässt sich der pflegeleichte Blütenstiellose Sumpffreund (*Limnophila sessiliflora*) leicht von der lichthungrigen Wasserhaarnixe (*Cabomba aquatica*) unterscheiden, bei der die Blätter kreuzgegenständig sind.

Die Form der Blätter hat nicht nur eine Bedeutung für die Gestaltung der Aquarien, sie ist auch ein wichtiges Bestimmungsmerkmal. Bei vielen Sumpfpflanzen unterscheidet man zwischen der Überwasser- und der Unterwasserform. Botaniker verwenden zur Beschrei-

Anhand ihrer Blattstellung und der Blattform lassen sich die feinfiedrigen Aquarienpflanzen der Gattungen *Cabomba, Myriophyllum* und *Limnophila* leicht unterscheiden

bung der Spreitenform verschiedene Begriffe, die den äußeren Umriss und das Verhältnis von Länge zur Breite eindeutig wiedergeben. Von Bedeutung sind außerdem die Form der Blattbasis und ob die Blätter ganz oder geteilt sind.

Bei rundlichen Blättern ist die Spreite etwa so lang wie breit. Ist der Blattstiel nicht am Rand, sondern in der Mitte unter dem Blatt, ist es schildförmig, wie es für Wassernabel-Arten charakteristisch ist. Elliptische oder ovale Blätter sind 1,5- bis 2,5-mal so lang wie breit, haben eine runde Spitze und eine runde Basis. Ihre breiteste Stelle ist in der Mitte. Eiförmige Blattspreiten haben das gleiche Längen-Breitenverhältnis, aber ihre breiteste Stelle ist unterhalb der Blattmitte nahe der Blattbasis. Lanzettliche Blätter sind wie die Spitze einer Lanze geformt und an der Spitze und an der Basis spitz, 3- bis 8-mal so lang wie breit und in der Mitte am breitesten. Bei eilanzettlichen Spreiten ist die breiteste Stelle nahe dem Stielansatz. Ist das Blatt 3- bis 8-mal so lang wie breit und hat mehr oder weniger gerade und parallel verlaufende Blattränder, wird es als länglich bezeichnet. Hat das Blatt parallele Ränder und ist mehr als 10-mal so lang wie breit, ist es lineal oder linealisch. Wenn sie ungestielt sind wie bei Vallisnerien, werden linealische Blätter auch als bandförmig bezeichnet.

Herzförmige Blätter haben eine mehr oder weniger spitze Spitze und an der Basis einen Einschnitt, der um den Blattstiel eine Einbuchtung formt. Sind die Blätter breiter als lang und haben an der Basis zwei breite, abgerundete Basallappen, werden sie als nierenförmig bezeichnet.

Es gibt zwei Grundformen bei der Anordnung der Blattadern in einem Blatt. Es können alle Adern fingerförmig von einem gemeinsamen Punkt an der Blattbasis entspringen oder wie die Fiedern einer Feder rechts und links von einer Hauptader abzweigen. Die in feine Segmente zerteilten Blätter von *Cabomba* und *Limnophila* sind handförmig angeordnet. Die kammförmigen Blätter von *Proserpinaca* und *Myriophyllum* sind dagegen fiederförmig.

Foto: B. Wallach

Myriophyllum matogrossense

Vermehrung

In der Natur vermehren sich Wasserpflanzen vegetativ durch Ausläufer, Adventivpflanzen und das Verdriften von Sprossteilen. Dabei entstehen genetisch identische Nachkommen der Mutterpflanzen. Blütenbildung und Bestäubung dienen der generativen Vermehrung. Aus den Samen gehen Tochterpflanzen hervor, die eine neue Kombination aus den Genen ihrer Eltern tragen.

In der Wasserpflanzenkultur spielt die generative Vermehrung hauptsächlich in der Pflanzenzüchtung eine Rolle. Die meisten *Echinodorus*- und Seerosen-Sorten sind durch gezielte Kreuzungen und die Selektion der Sämlinge entstanden. Ein kleiner Teil entstand aus Zufallssämlingen. Nur bei Wasserähren, *Barclaya* und *Ottelia* dient die Aufzucht von Sämlingen in den Gärtnereien und im Aquarium vorrangig der Vermehrung.

Bei Stängelpflanzen erfolgt die Massenvermehrung hauptsächlich vegetativ durch Stecklinge. Rosettenpflanzen und Rhizompflanzen werden durch Rhizomteilung, Ernte von Ausläufern und Adventivpflanzen oder In-vitro-Kultur vermehrt. Die Aquarienpflanzen werden dann im Handel als unbewurzelte Stecklinge oder Jungpflanzen im Bund, bewurzelt im Topf oder auch als In-vitro-Ware im Becher auf Nährmedium angeboten.

Im Aquarium lassen sich vor allem Stängelpflanzen leicht und schnell vermehren. Dazu wird der Spross mit einem scharfen Messer in Kopfstecklinge und Teilstecklinge geteilt. Diese Sprossteile können sich regenerieren, indem sie

Werden die Triebe von Stängelpflanzen gekürzt, können die abgetrennten Sprossteile als neue Stecklinge verwendet werden. Der untere bewurzelte Teil des Stängels treibt wieder aus

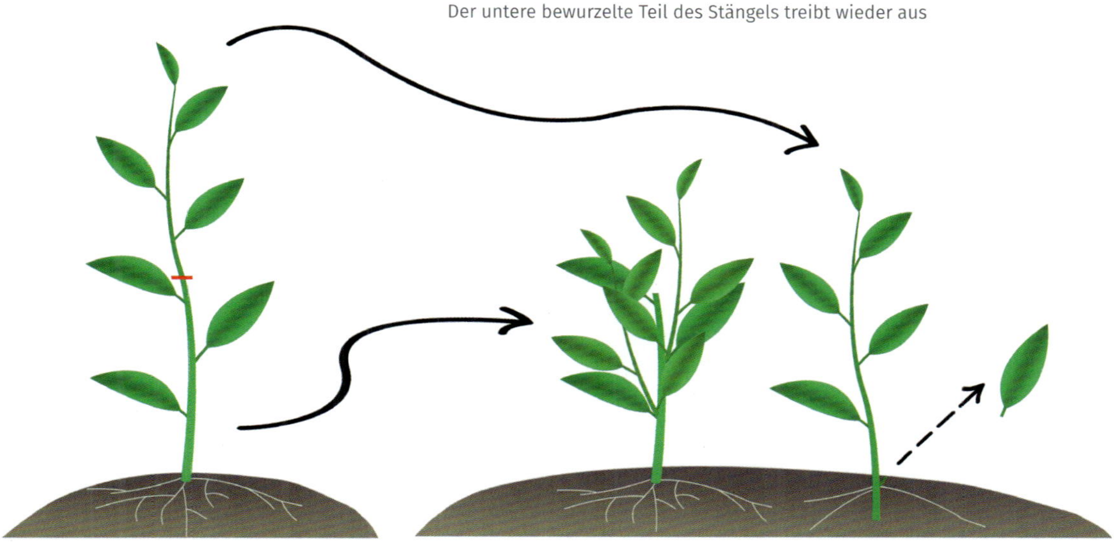

Wurzeln und Seitentriebe bilden. Dazu nutzen sie Energiereserven aus dem Stängel und den ältesten Blättern. Je länger die Stecklinge sind, desto mehr Energiereserven bringen sie mit. Gut entwickelte, kräftige und lange Triebe wachsen am schnellsten an. Je kürzer die Stecklinge sind, desto langsamer wachsen sie nach dem Stecken im Aquarium. Die Sprossstücke müssen mindestens drei Blattknoten haben, von denen einer in das Substrat gesteckt wird. Hier bilden sich neue Wurzeln. Aus den oberen Blattachseln wachsen neue Seitentriebe.

Der Schwimmende Hornfarn (*Ceratopteris pteridoides*) bildet an den Blatträndern Adventivpflanzen (l.)

Adventivpflanzen an *Echinodorus* „Red Flame“ (r.)

Blüte und Früchte einer *Echinodorus*

Gesunde Pflanzen

Damit Aquarienpflanzen dekorativ aussehen und ihren Aufgaben als Sauerstoffspender und Wasserklärer nachkommen können, müssen sie gesund und kräftig wachsen. Voraussetzung dafür sind eine geeignete Wassertemperatur, ein günstiger pH-Wert, ausreichend Licht und eine ausgewogene Nährstoffversorgung.

Besonders pflegeleicht sind Aquarien, wenn die Pflanzen passend zu den Wasserwerten und dem Tierbesatz ausgewählt wurden. Je weiter die Bedingungen von den Ansprüchen der Pflanzen abweichen, desto schwieriger und aufwendiger wird ihre Pflege.

Für jeden Wuchsfaktor (Temperatur, Licht, pH-Wert) gibt es ein Optimum, bei dem eine Pflanze mit geringstem Energieaufwand das beste Wachstum zeigt. Je weiter sich die Umweltbedingungen vom Optimum entfernen, desto schwieriger wird es für die Pflanze. In der Natur wachsen Pflanzen überall dort, wo ihre Grundbedürfnisse erfüllt sind und sie trotz Konkurrenz und Fressfeinden überleben. Beispielsweise wächst die Asiatische Wasserschraube in Seen und Flüssen mit pH-Werten zwischen 6,5 und 9,7. Hauptsächlich ist sie in Gewässern mit alkalischem Wasser zu finden, die im

In diesem Graben wachsen die Wasserkelche nur, wo es ständig genug Wasser gibt

In Gewässern mit gleichbleibenden Wasserständen entwickeln sich vom Ufer bis ins tiefe Wasser verschiedene Pflanzengesellschaften (o. l.)

Bis zum Ende der Trockenzeit verschwindet dieser Tümpel mit Seerosen vollständig (o. r.)

Ammannia senegalensis in einem Tümpel in Gambia: Für Pflanzen ist wichtig, dass sie sich erfolgreich vermehren. Besonders viele, schön gefärbte Blätter zu bilden und dekorativ auszusehen ist dafür nicht notwendig (u. l.)

Durchschnitt einen pH-Wert von 7,8 haben. Dort ist sie besonders konkurrenzstark, weil sie statt freiem Kohlendioxid auch Hydrogenkarbonat als Kohlenstoffquelle nutzen kann.

Optimal sind diese Bedingungen für Vallisnerien aber nicht. Sie binden in neutralem Wasser etwa zweieinhalbmal so viel Kohlenstoff wie in der gleichen Zeit bei pH 8. Sie wachsen darum im Aquarium in leicht saurem Wasser schneller und üppiger.

In natürlichen Gewässern verändern sich Temperatur, Wasserwerte und Lichteinfall immer wieder. Wasserstände und Strömungsgeschwindigkeit von Bächen und Flüssen schwanken in Abhängigkeit von der Jahreszeit (Regenzeiten, Trockenzeiten, Schneeschmelze) oder sogar im Verlauf eines Tages durch Gezeiten oder Niederschläge. Aus dem Grund sind alle Messungen an Naturstandorten nur Momentaufnahmen.

Gleichzeitig muss bei der Beurteilung der Nährstoffversorgung und Betrachtung der Wasserwerte berücksichtigt werden, dass Wasserpflanzen zwar über die Blätter Nährstoff aufnehmen können, aber nicht allein auf die Nährstoffversorgung durch das Wasser angewiesen sind. Den größten Teil ihres Nährstoffbedarfs decken sie über die Wurzeln.

Bodengrund

Der Bodengrund bietet nicht nur den Wurzeln von Aquarienpflanzen Halt, sondern ist auch Lebensraum von Mikroorganismen, Filtermedium und Nährstoffspeicher.

Das gewählte Substrat bildet die Grundlage für den Lebensraum im Aquarienboden. Mit der Zeit sammeln sich Mulm und Huminstoffe in den Zwischenräumen an. Es bilden sich sauerstoffreiche und sauerstoffarme Zonen, die von unterschiedlichen Bakterienarten, Wimpertieren, Rädertieren und Würmern besiedelt werden. Diese Organismen mineralisieren die organischen Abfälle und machen die darin enthaltenen Nährstoffe für die Pflanzen verfügbar.

Die Pflanzen durchziehen den Boden mit ihren Wurzeln. Sie verbessern durch den Sauerstoff und organische Verbindungen, die sie abgeben, die Lebensbedingungen für Bodenorganismen. Der Wurzelraum, die Rhizosphäre, ist darum ein idealer Lebensraum für Mikroorganismen. Hier leben dreimal mehr Bors-

Die Aquarienpflanzen durchwurzeln den Boden bis hinunter zur Bodenscheibe (o.)

Der Mulm im Aquarium besteht aus organischen Resten, die von Mikroorganismen zersetzt und mineralisiert werden (l.)

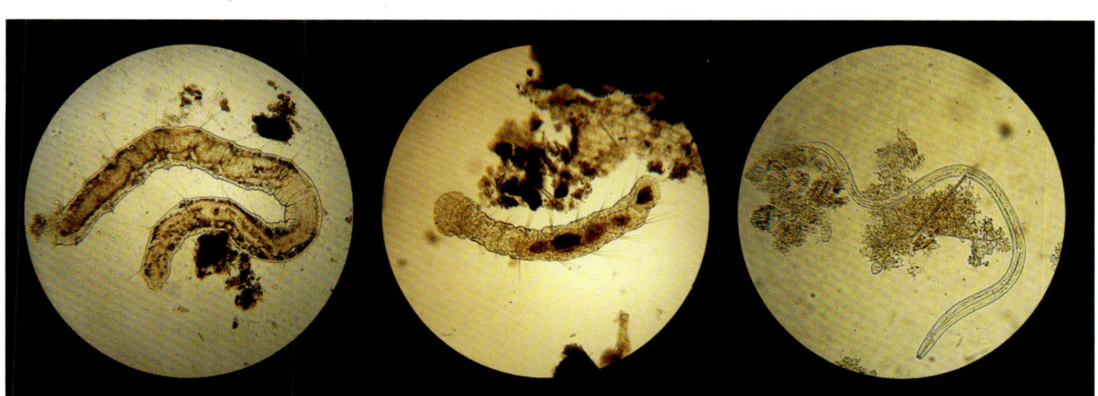

Im Aquarienboden leben verschiedene mikroskopisch kleine Würmer

tenwürmer als in nicht durchwurzeltem Substrat. Das bedeutet, dass der Abbau organischer Abfälle schneller erfolgt als ohne lebende Pflanzen.

Nährstoffe im Bodengrund fördern das Wachstum von verschiedenen Pflanzenarten unterschiedlich stark. Die Blätter werden größer, das Längenwachstum von Stängelpflanzen wird beschleunigt. Rosettenpflanzen bilden größere Blätter und werden kräftiger. Sinnvoll sind nährstoffreiche Substrate für kleine Vordergrundpflanzen, die dichte Bestände bilden sollen. Diese Wuchssteigerung ist aber nicht immer von Vorteil. Bei der Hutpilzpflanze (*Hydrocotyle verticillata*) werden auf nährstoffreichen Substraten die Blattstiele schnell sehr lang und die Pflanzen werden zu schnell zu hoch für den Vordergrund. Auch das Wachstum von Stängelpflanzen in Pflanzstraßen sollte nicht zu schnell sein, damit die Bestände nicht zu oft neu gesteckt werden müssen.

Die große Wurzelmasse im Verhältnis zur Blattmasse zeigt, wie wichtig die Nährstoffversorgung aus dem Boden für Wasserkelche ist

Neutrale Substrate

Kalkfreier Sand und Kies aus Quarz sind am weitesten in der Aquaristik verbreitet. Es gibt sie in verschiedenen Korngrößen, in natürlichen Farben und künstlich eingefärbt. Sie beeinflussen den pH-Wert und die Wasserhärte nicht, sind also chemisch neutral und können in jedem Aquarium verwendet werden. Die einzelnen Körner sind hart und formstabil. Material aus Steinbrüchen und Sandkuhlen hat scharfe Bruchkanten. Sand und Kies aus Flussbetten sind dagegen durch die Strömung rundgeschliffen, was für Aquarien besser geeignet ist, weil sich gründelnde und grabende Tiere nicht daran verletzen können.

Granulate aus gebranntem Ton beeinflussen Wasserhärte und pH-Wert ebenfalls nicht. Die in ihnen enthaltenen Ton-

Frisch bepflanztes Aquarium mit Tongranulat als Substrat

Kalkfreier Quarzkies ist ein neutrales Substrat und eignet sich für alle Aquarien (o. l.)

Die rotbraunen Substrate aus gebranntem Ton entziehen dem Wasser Mineralien, bis ihre freien Bindungsstellen abgesättigt sind (o. r.)

Nährböden werden als dünne Schicht auf der Bodenscheibe ausgebracht (r.)

minerale können aber in der ersten Zeit Eisen und andere Spurenelemente binden. Erst wenn alle Bindungsstellen abgesättigt sind, steht zugesetzter Dünger komplett den Pflanzen zur Verfügung. Das Substrat dient dann als Nährstoffspeicher und Ionentauscher. Je nach Herstellungsverfahren, sind sie mehr oder weniger porös. Tonsubstrate haben eine geringe Dichte und sind viel leichter als Kies oder Sand. Ein Teil des Materials schwimmt sogar. Das kann vor allem am Anfang die Bepflanzung erschweren. Besonders kleine Pflanzen mit feinen Wurzeln lösen sich leicht wieder aus diesem Substrat.

Kies, Sand und Tongranulate können in Kombination mit gedüngten Nährböden verwendet werden. Das sind Mischungen aus Tonmineralien mit eisenhaltigen Düngern. Manchmal sind Torf oder Kokosfasern beigesetzt. Nährböden verschaffen den Pflanzen eine Startdüngung und dienen später als Ionentauscher und Nährstoffspeicher. Die Nährböden werden als dünne Schicht auf dem Boden des Aquariums ausgebracht und dann mit dem Substrat abgedeckt. Die Wurzeln der Pflanzen wachsen in diese Schicht hinein und nehmen die Nährstoffe direkt dort auf. Das fördert das Wachstum von stark wurzelnden Pflanzen wie Wasserkelchen, Vallisnerien und *Echinodorus*. Nachteilig ist, dass sich beim Umpflanzen und Stecken von Pflanzen die Schichten vermischen können. Der Nährboden gelangt so in die oberen Schichten des Substrats. Von dort können die Nährstoffe ins Wasser gelangen. Außerdem kann das Material dann bei der Bodenreinigung mit der Mulmglocke abgesaugt werden.

Soils

Soils sind aus granuliertem Ton hergestellt, aber lediglich getrocknet und nicht gebrannt. Daher sind die einzelnen Körner nicht so hart wie Kies oder die gebrannten Tonsubstrate. Die Körner quellen im Wasser auf. Im nassen Zustand können weichere Sorten mit den Händen zerrieben werden. Aus dem Grund werden Soils vor der Verwendung nicht gewaschen. Bei der Neueinrichtung tritt darum in der Regel eine Trübung auf, die aber nach einigen Stunden von allein verschwindet.

Es sind chemisch aktive Substrate, die als Ionentauscher wirken, Härtebildner binden und den pH-Wert senken. Abhängig von der Wasserhärte ist diese Austauschkapazität bereits nach wenigen Monaten oder erst nach Jahren erschöpft. Ungedüngte Soils werden zum Beispiel für Aquarien mit besonders anspruchsvollen Garnelen verwendet. Sie helfen

Soils in verschiedenen Korngrößen und Farben (o.)

Nährstoffhaltige Soils fördern das Pflanzenwachstum (l.)

Ungedüngte Soils werden von Garnelenzüchtern zur Stabilisierung der Wasserwerte eingesetzt

dabei, die Wasserwerte stabil zu halten, ersetzen aber regelmäßige Wasserwechsel nicht.

Gedüngten Soils sind Stickstoff, Phosphat, Eisen und Mikronährstoffe zugesetzt. Diese Nährstoffe lösen sich besonders in den ersten Wochen in großer Menge aus dem Substrat, sodass sich der Gehalt an Ammonium, Nitrat und Phosphat im Wasser stark erhöht. Der Nitratwert kann auf über 200 mg/l ansteigen. Regelmäßige Kontrollen der Wasserwerte und großzügige Wasserwechsel sind notwendig, um diese Überschüsse zu entfernen. Tiere können darum in den ersten Wochen nicht in das Aquarium eingesetzt werden. Grundsätzlich sind gedüngte Soils nur für dicht bepflanzte Aquarien mit geringem Tierbesatz zu empfehlen. In Aquarien mit vielen Fischen sorgen die Makronährstoffe aus den Soils nur für eine zusätzliche Belastung des Wassers.

In der Regel bleiben Soils im Aquarium über mehrere Jahre formstabil. Es kommt aber vor, dass ihre Struktur völlig zusammenbricht und sich eine schlammige Masse bildet. Sie dürfen nicht mit Mulmglocken bearbeitet werden.

Gedüngte Soils werden vor allem beim Aquascaping verwendet

Lichtbedarf

Licht ist für Pflanzen unverzichtbar. Lichtstärke, Beleuchtungsdauer und die Wellenlänge des Lichtes haben Einfluss auf ihr Wachstum. Die Lichtstärke muss ausreichend hoch sein, damit die Pflanzen durch Fotosynthese ihren Energiebedarf decken können. Ein Energiemangel durch zu geringe Lichtstärke kann nicht durch die Verlängerung der Beleuchtungsdauer ausgeglichen werden. Beleuchtungsdauer und Lichtfarbe steuern den Hormonhaushalt der Pflanze und haben Einfluss auf ihre Verzweigung, ihr Längenwachstum und auf die Bildung von Blütenständen. Je höher die Wassertemperatur ist, desto größer ist der Lichtbedarf der Pflanzen.

Kompensationspunkt und Sättigung

Pflanzen benötigen die Energie, den Zucker und den Sauerstoff, den sie bei der Fotosynthese gewinnen, für ihre Zellatmung. Sie haben einen Grundbedarf, den sie decken müssen, bevor sie beginnen, überschüssigen Sauerstoff abzugeben und mehr Kohlendioxid zu binden, als sie bei der eigenen Atmung freisetzen. Das passiert erst, wenn mehr Lichtenergie zur Verfügung steht, als für die eigene Versorgung notwendig ist. Die Lichtstärke, bei der das Verhältnis zwischen dem eigenen Bedarf und der eigenen Sauerstoffproduktion ausgeglichen (= kompensiert) ist, wird als Kompensationslichtstärke oder Kompensationspunkt bezeichnet. Die Kompensationslichtstärke ist das absolute Minimum, das notwendig ist, damit eine Pflanze überleben kann. Bei steigendem Lichtangebot steigt ihre Fotosyntheseleistung und das Wachstum wird beschleunigt. Die maximale Leistungsfähigkeit der Pflanzen wird durch ihre Chlorophyllmenge begrenzt. Bei hohem Lichtangebot erreichen die Lichtrezeptoren irgendwann ihre volle Auslastung. Die Lichtstärke, ab der eine Steigerung des Lichtangebots keine Zunahme des Wachstums mehr

Unter starkem Licht wird *Hygrophila pinnatifida* kräftig rot. Die beschatteten Triebe sind dunkelgrün bis brotbraun gefärbt

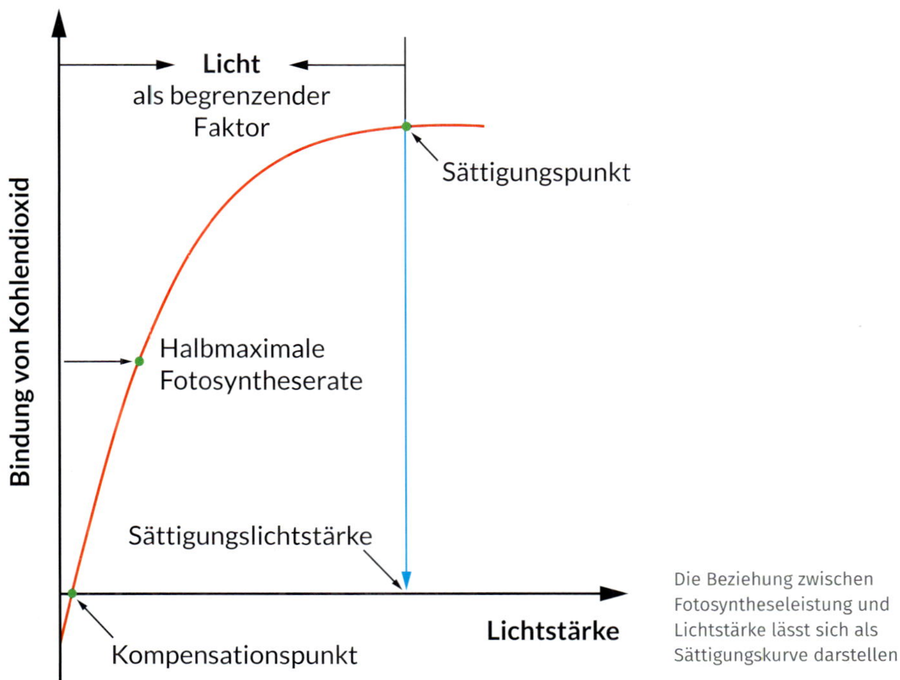

Die Beziehung zwischen Fotosyntheseleistung und Lichtstärke lässt sich als Sättigungskurve darstellen

bewirkt, wird als Sättigungslichtstärke oder Sättigungspunkt bezeichnet. In der Mitte zwischen Kompensationspunkt und Sättigungspunkt liegt am Wendepunkt der Sättigungskurve die optimale Lichtstärke. Dort erreichen die Pflanzen ihre halbmaximale Fotosyntheserate. Bis zu diesem Punkt bewirkt eine geringe Steigerung der Lichtstärke viel Zuwachs. Oberhalb des Punktes nimmt der positive Einfluss der Lichtstärke immer weiter ab. Die Pflanzen können unter Lichtstress geraten. Sie lagern rote Schutzpigmente ein und können sogar durch zu viel Licht Schaden nehmen und absterben.

Bei welcher Lichtstärke der Kompensationspunkt erreicht wird, hängt von der Pflanzenart und ihren Lebensbedingungen ab. Es gibt schattentolerante und sehr lichthungrige Arten, die

Bekannte Kompensationspunkte verschiedener Aquarienpflanzen

Pflanzenart	Kompensationspunkt [Lux]
Fontinalis antipyretica	16-350
Amblystegium serpens	54
Fissidens fontanus	75-380
Microsorum pteropus	350
Limnophila sessiliflora	430
Hygrophila polysperma	490
Egeria najas	700-1500
Ceratophyllum demersum	800-2500
Riccia fluitans	850-1600
Myriophyllum aquatica	2000-2400
Cabomba aquatica	3000
Vallisneria spiralis	430-1300

meisten sind aber in der Lage, sich an langsame Veränderungen anzupassen. Untergetauchte Sumpfpflanzen haben nur etwa ein Fünftel bis die Hälfte des Lichtbedarfs ihrer Landformen. Ihr Kompensationspunkt ist immer dann besonders niedrig, wenn die Pflanze optimale Lebensbedingungen hat und nur wenig Energie benötigt. Bei Kaltwasserpflanzen und subtropischen Arten gilt, dass mit steigender Temperatur ihr Lichtbedarf größer wird. Beispielsweise benötigt das Quellmoos (*Fontinalis antipyretica*) bei 3 °C Wassertemperatur nur etwa 16 Lux zum Überleben, bei 21 °C aber mindestens 350 Lux.

Lumen, Lux und fotosynthetisch aktive Strahlung

Im Zusammenhang mit dem sichtbaren Licht gibt es verschiedene Maßeinheiten, die unterschiedliche Bedeutungen haben. Auf den Leuchtmitteln ist die Lichtleistung als Lichtstrom in Lumen (lm) angegeben. Die Lichtleistung gibt die Lichtmenge an, die eine Lampe abgibt und beschreibt also die Ausgangslichtstärke über dem Aquarium.

Entscheidend für die Pflanze ist aber die Beleuchtungsstärke, die ausdrückt, wie viel Licht die Blätter erreicht. Die Beleuchtungsstärke ist als Lichtstrom pro Quadratmeter (1 lm/m^2) definiert und wird in Lux angegeben. Sie ist abhängig vom Lichtstrom, dem Abstrahlwinkel der Lampe und von der Entfernung zur Lichtquelle. Die Beleuchtungsstärke an der Wasseroberfläche kann berechnet oder mit einem Luxmeter direkt gemessen werden. Durch Reflektion an der Wasseroberfläche sowie durch die Absorption im Wasser, durch Trübstoffe und Beschattung nimmt die Beleuchtungsstärke ab. Mit zunehmender Wassertiefe halbiert sie sich ungefähr alle zehn Zentimeter. In zwanzig Zentimeter Wassertiefe ist die Beleuchtungsstärke nur noch ein Viertel so stark wie an der Wasseroberfläche.

Pflanzen nutzen nur einen Teil des sichtbaren Lichts für die Fotosynthese: die fotosynthetisch aktive Strahlung oder photosynthetic active radiation (PAR). Sie wird in Mikromol Photonen pro Quadratmeter und Sekunde angegeben ($\mu mol/m^2\ s^{-1}$) und ist die Maßeinheit für die Bestimmung von Kompensations- und Sättigungslichtstärken bei Pflanzen. Wie groß der Anteil der PAR an der Beleuchtungsstärke ist, hängt von der spektralen Zusammensetzung der Lichtquelle ab. Das Lichtspektrum eines Leuchtkörpers wird auch als Lichtfarbe bezeichnet und in Kelvin ausgedrückt. Im Sonnenlicht mit 5800 Kelvin haben 1000 Lux etwa 18,5 $\mu mol/m^2\ s^{-1}$ PAR. Eine kaltweiße Lichtquelle mit 4000 Kelvin hat rund 40 Prozent weniger fotosynthetisch aktive Strahlung als die Sonne. Eine spezielle Pflanzenlampe mit 8500 Kelvin hat dagegen etwa 40 Prozent mehr.

Passende Pflanzen für jede Beleuchtungsstärke

Bei einer schwachen Beleuchtungsstärke von weniger als 2000 Lux an der Wasseroberfläche können auf Dauer nur Arten gedeihen, deren Lichtkompensationspunkt unter 500 Lux liegt. Sie wachsen problemlos noch in 20 bis 30 Zentimeter Wassertiefe und können auch bei steigenden Temperaturen im Sommer mit dem Lichtangebot auskommen.

Die Ausgangslichtstärke über dem Aquarium wird durch die Wahl der Lampen bestimmt. Sie begrenzt das Wachstum derjenigen Aquarienpflanzen, die das meiste Licht benötigen. Diese Arten brauchen einen möglichst freien Standplatz direkt unter der Lichtquelle. Weniger lichthungrige Pflanzen können an den Rändern und im Hintergrund wachsen, wo die Belichtung immer geringer wird. Moose, Farne und andere Gewächse mit geringem Lichtbedarf fühlen sich beschattet von flutenden Blättern und unter Schwimmpflanzen wohl.

Wenn Licht der begrenzende Wuchsfaktor ist, sehen die Pflanzen anders aus als bei guter Belichtung. Moose haben kleinere Blätter und sind weniger verzweigt. Die Stängelpflanzen wachsen langsamer, haben kleinere Blätter, dünnere Stängel und längere Internodien. Die Rosettenpflanzen strecken ihre Blätter nach oben. Insgesamt sind die Pflanzen weniger kräftig und konkurrenzstark als in besser beleuchteten Aquarien. Grünalgen, Rotalgen und Kieselalgen können sich auch in schwach belichteten Aquarien ausbreiten.

Unter starkem Licht wächst *Pogostemon stellatus* üppig und zeigt kräftige Farben (o. r.)

Ist das Lichtangebot nicht ausreichend, stoßen die Pflanzen die unteren Blätter ab (u. r.)

Das Zwergspeerblatt *Anubias barteri* var. *nana* wächst auch in schwach beleuchteten Aquarien und an beschatteten Stellen gut (o.)

Rotala wallichii benötigt sehr viel Licht zum Wachsen (l.)

Definition von Lichtbedarf und Beleuchtungsstärke

Lichtbedarf der Pflanze	minimaler Lichtbedarf = Kompensationspunkt	Beleuchtungsstärke an der Wasseroberfläche
wenig	unter 500 Lux	unter 2000 Lux
mittel	500-1000 Lux	2000-4000 Lux
viel	1000-1500 Lux	4000-6000 Lux
sehr viel	1500-3000 Lux	ab 6000 Lux

Bekannte Kompensationspunkte verschiedener Aquarienpflanzen

Pflanzenart	Kompensations-punkt [Lux]
Fontinalis antipyretica	16-350
Amblystegium serpens	54
Fissidens fontanus	75-380
Microsorum pteropus	350
Limnophila sessiliflora	430
Hygrophila polysperma	490
Egeria najas	700-1500
Ceratophyllum demersum	800-2500
Riccia fluitans	850-1600
Myriophyllum aquatica	2000-2400
Cabomba aquatica	3000
Vallisneria spiralis	430-1300

Die Auswahl der richtigen Aquarienpflanzen-Arten entscheidet darüber, ob der Bewuchs des Aquariums auf Dauer gedeiht und attraktiv aussieht. Leiden die Pflanzen unter Lichtmangel, strecken sie sich und stoßen die unteren, beschatteten Blätter ab. Bei ausreichendem Lichtangebot können es sich die Pflanzen leisten, auch die älteren Blätter zu erhalten, die durch die Beschattung wenig zur Energiegewinnung beitragen.

Bei einer schwachen Beleuchtungsstärke von weniger als 2000 Lux an der Wasseroberfläche können auf Dauer nur Arten gedeihen, deren Lichtkompensationspunkt unter 500 Lux liegt. Sie wachsen problemlos noch in 20 bis 30 Zentimeter Wassertiefe und können auch bei steigenden Temperaturen im Sommer mit dem Lichtangebot auskommen. Mit Energiesparlampen, günstigen LED-Leisten und einzelnen Leuchtstoff- oder LED-Röhren aus dem Baumarkt können über einem Aquarium mittlere Beleuchtungsstärken von 2000 bis 4000 Lux erzielt werden. Das reicht in einem bis 30 Zentimeter hohen Aquarium aus, um viele schöne Aquarienpflanzen zu kultivieren.

Um eine hohe Beleuchtungsstärke von 4000 bis 6000 Lux zu erreichen, sind gute Aquarienlampen, mehrere LED-Röhren oder mehrere Leuchtstoffröhren mit Reflektor notwendig. Spezielle Pflanzenlampen liefern besonders viel fotosynthetisch aktives Licht und fördern die Farbe von buntblättrigen Arten.

Eine sehr starke Beleuchtung mit mehr als 6000 Lux benötigen nur wenige Aquarienpflanzen. Zu ihnen gehören zum Beispiel die Tausendblätter (*Myriophyllum* sp.) und die Haarnixen (*Cabomba* sp.). Sie haben einen sehr hohen Lichtkompensationspunkt. Ohne starke Pflanzenlampen lassen sich diese Arten nicht kultivieren.

Lichtbedarf von Aquarienpflanzen

wenig (unter 2000 Lux) an der Wasseroberfläche		
Anubias afzelii	*Bolbitis heudelottii*	*Najas guadalupensis*
Anubias barteri var. *angustifolia*	*Cryptocoryne beckettii*	*Taxiphyllum alternans*
Anubias barteri var. *barteri*	*Cryptocoryne wendtii*	*Taxiphyllum barbieri*
Anubias barteri var. *coffeifolia*	*Hygrophila polysperma*	*Vesicularia* cf. *ferrieri*
Anubias barteri var. *glabra*	*Limnophila sessiliflora*	*Vesicularia dubyana*
Anubias barteri var. *nana*	*Microsorum pteropus*	*Vesicularia montagnei*
Bolbitis heteroclita	*Monosolenium tenerum*	

mittel (2000- 4000 Lux) an der Wasseroberfläche		
Aponogeton boivinianus	*Ceratopteris thalictroides*	*Hydrocotyle leucocephala*
Aponogeton crispus	*Cryptocoryne aponogetifolia*	*Hygrophila angustifolia*
Aponogeton longiplumulosus	*Cryptocoryne pontederiifolia*	*Hygrophila corymbosa*
Aponogeton madagascariensis	*Cryptocoryne crispatula*	*Hygrophila difformis*
Aponogeton ulvaceus	*Cryptocoryne undulata*	*Limnobium laevigatum*
Aponogeton undulatus	*Cryptocoryne usteriana*	*Ludwigia palustris x repens*
Bacopa australis	*Cryptocoryne walkeri*	*Ludwigia repens*
Bacopa caroliniana	*Echinodorus* „Aquartica“	*Ludwigia repens x arcuata*
Bacopa monnieri	*Echinodorus grisebachii* „Amazonicus“	*Nymphaea lotus*
Barclaya longifolia	*Echinodorus grisebachii* „Bleheri“	*Riccardia chamedryfolia*
Bucephalandra sp.	*Egeria densa*	*Riccia fluitans*
Ceratophyllum demersum	*Egeria najas*	*Rotala rotundifolia*
Ceratophyllum submersum	*Fissidens crispulus*	*Vallisneria australis*
Ceratopteris cornuta	*Fissidens fontanus*	*Vallisneria spiralis*
Ceratopteris pteridoides	*Hemianthus micranthemoides*	*Zosterella dubia*

viel (4000- 6000 Lux) an der Wasseroberfläche		
Alternanthera reineckii	*Glossostigma elatinoides*	*Ludwigia* „Rubin“
Ammannia gracilis	*Helanthium bolivianum*	*Ludwigia palustris*
Ammannia senegalensis	*Helanthium tenellum* var. *tenellum*	*Marsilea* sp.
Blyxa aubertii	*Hemianthus callitrichoides*	*Pogostemon erectus*
Cabomba aquatica	*Hydrocotyle tripartita*	*Pogostemon helferi*
Cryptocoryne x *williisii*	*Lilaeopsis brasiliensis*	*Pogostemon quadrifolius*
Eleocharis acicularis	*Lilaeopsis macloviana*	*Proserpinaca palustris*
Eleocharis pusilla	*Lilaeopsis mauritiania*	*Rotala macrandra*
Eleocharis vivipara	*Limnophila aquatica*	*Vallisneria asiatica*

sehr viel (6000 und mehr) an der Wasseroberfläche		
Ammannia crassicaulis	*Cryptocoryne parva*	*Myriophyllum mattogrossense*
Blyxa japonica	*Helanthium bolivianum* „Vesuvius“	*Myriophyllum mezianum*
Cabomba aquatica	*Helanthium tenellum* var. *parvulum*	*Pogostemon stellatus*
Cabomba furcata	*Hydrocotyle vericillata*	*Rotala wallichii*

Pflanzennährstoffe

Licht kann von den Pflanzen nur genutzt werden, wenn auch ausreichend Nährstoffe zur Verfügung stehen. Ansonsten fördern ein Überangebot von Licht und das schnelle Wachstum die Ausprägung von Mangelsymptomen. Je schneller die Pflanzen wachsen, desto mehr Nährstoffe benötigen sie. Hohe Temperaturen und viel Licht beschleunigen das Wachstum und führen dadurch zu einem erhöhten Bedarf an Kohlendioxid und Nährstoffen. Ist Kohlendioxid der begrenzende Faktor, wachsen die Pflanzen gesund, aber langsamer. Fehlen andere Nährstoffe, verursacht das Schäden, die als charakteristische Mangelsymptome sichtbar werden.

Zn Cl ☼ CO^2 °C Mo Cl B Mn Mg N K P Fe Ca S

Das Wachstum von Pflanzen wird durch den im Verhältnis am geringsten vorhandenen Wachstumsfaktor begrenzt

Moose und Farne wachsen langsam. Sie benötigen nur wenige Nährstoffe

Schnell wachsende Stängelpflanzen entziehen dem Wasser viele Nährstoffe in kurzer Zeit

	Element	Chemisches Zeichen	Anteil an der Pflanzenmasse [%]	Aufnahme als...
Makronährstoffe	Kohlenstoff	C	45	CO_2
	Sauerstoff	O	45	O_2
	Wasserstoff	H	6	H_2O, H^+
	Stickstoff	N	1,5 - 7,0	NH_4^+, NO_2^-, NO_3^-
	Kalium	K	1,0 - 6,0	K^+
	Kalzium	Ca	1,0 - 7,0	Ca^{2+}
	Magnesium	Mg	0,1 - 0,5	Mg^{2+}
	Phosphor	P	0,1 - 0,5	$H_2PO_4^-$, HPO_4^{2-}
	Schwefel	S	0,1 - 0,5	SO_4^{2-}
Mikronährstoffe	Chlor	Cl	0,01	Cl^-
	Eisen	Fe	0,01	Fe^{2+}, Fe^{3+}-Chelat
	Mangan	Mn	0,005	Mn^{2+}
	Bor	B	0,0002 - 0,009	$B(OH)^{4-}$, $B(OH)_3$
	Zink	Zn	0,002	Zn^{2+}
	Kupfer	Cu	0,0006	Cu^{2+}
	Molybdän	Mo	0,00001	MoO_4^{2-}

Als Pflanzennährstoffe gelten sechzehn chemische Elemente, die für die Pflanze lebensnotwendig sind. Sie alle haben mindestens eine Funktion im Stoffwechsel, bei der sie nicht durch ein anderes Element ersetzt werden können. Normales Wachstum ist nicht möglich, wenn eines der Elemente fehlt, darum sind alle Nährstoffe gleich wichtig. Abhängig von der Menge, in der sie benötigt werden, werden sie in Makronährstoffe und Mikronährstoffe unterteilt.

Aquarienpflanzen decken ihren Nährstoffbedarf aus dem Wasser und aus dem Boden.

Wie viele Nährstoffe im Aquarium verbraucht werden, hängt von der Art und Menge der Pflanzen ab. Schnell wachsende Arten bilden viel Masse und binden darum auch viele Nährstoffe. Unter guter Beleuchtung und mit ausreichend CO_2 verbrauchen sie die vorhandenen Nährstoffe aus dem Leitungswasser und den Abbauprodukten im Aquarium sehr schnell und müssen gedüngt werden. Langsam wachsende Arten binden weniger Nährstoffe und müssen entsprechend weniger gedüngt werden.

In einem durchschnittlichen Aquarium mit mittlerer Beleuchtung und einer

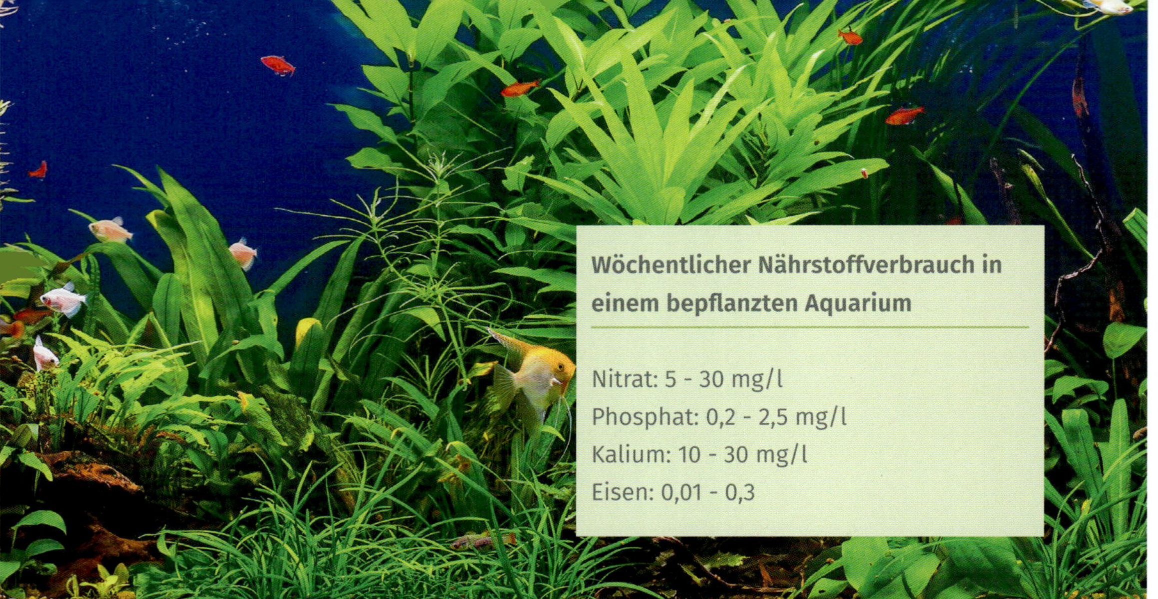
Wöchentlicher Nährstoffverbrauch in einem bepflanzten Aquarium

Nitrat: 5 - 30 mg/l
Phosphat: 0,2 - 2,5 mg/l
Kalium: 10 - 30 mg/l
Eisen: 0,01 - 0,3

Foto: © bukhta79 – stock.adobe.com

Kombination aus Stängelpflanzen und Rosettenpflanzen entzieht der Bewuchs dem Wasser wöchentlich 2 bis 3 mg Nitrat und 0,3 bis 0,8 mg Phosphat pro Liter. In einem stark beleuchteten Becken mit vielen schnell wachsenden Stängelpflanzen können es 7 bis 28 mg Nitrat und 1 bis 4 mg Phosphat pro Liter sein.

Ist das Nährstoffangebot höher, müssen Überschüsse durch regelmäßige Wasserwechsel entfernt werden. Fehlen Nährstoffe, müssen sie durch Düngung ergänzt werden. Passiert das nicht, gerät das Verhältnis der Nährstoffe zueinander aus dem Gleichgewicht und der Nitrat- und Phosphatwert können ansteigen.

Stickstoff und Phosphor

Stickstoff und Phosphor sind Bestandteil von Eiweißen, DNA und Chlorophyll. Phosphor ist außerdem wichtig für den Energietransport in den Zellen. Er ist an allen Stoffwechselvorgängen beteiligt, die Energie benötigen. Stickstoff wird von den Pflanzen in Form von Nitrat, Nitrit, Ammonium und Harnstoff über die Wurzeln und über die Blätter aufgenommen. Er kann in der Pflanze von alten Blättern in junge verlagert werden. Phosphor wird in Form von Phosphat aufgenommen. Beide Nährstoffe gelangen hauptsächlich durch die Eiweiße im Fischfutter ins Aquarium. Die Pflanzen können ohne sie nicht leben. Aber ein Überschuss an Phosphat fördert übermäßiges Algenwachstum im Aquarium, und Stickstoffverbindungen können in zu hohen Konzentrationen zusätzlich giftig für die Aquarienbewohner sein. Auch für schnell wachsende Pflanzen reichen Höchstgehalte von 30 mg/l Nitrat und 1 mg/l Phosphat völlig aus, um sie ausreichend zu versorgen. Niedrigere Nährstoffangebote sind vor allem in Aquarien

Übermäßiges Algenwachstum wird durch ein Ungleichgewicht zwischen Nitrat und Phosphat im Aquarienwasser begünstigt

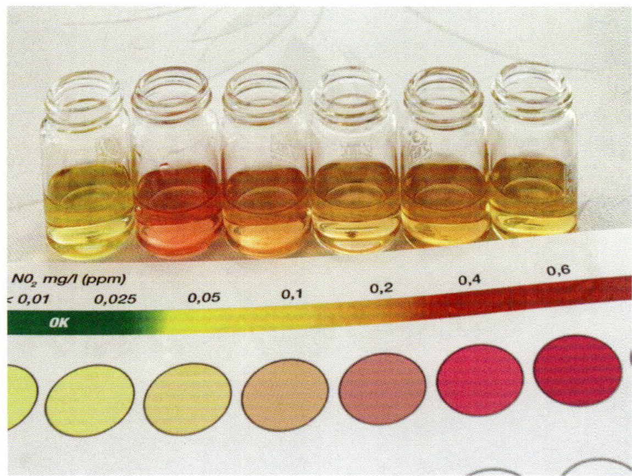

Der Stickstoffgehalt des Wassers hat großen Einfluss auf das Wachstum der Pflanzen und auf das Wohlergehen der Tiere

mit überwiegend langsam wachsenden Pflanzen wie Moosen, Farnen und Speerblättern kein Problem.

Wichtig ist, dass die beiden Makronährstoffe im richtigen Verhältnis zueinander vorhanden sind. Nitrat und Phosphat werden ungefähr in einem Verhältnis von 15 : 1 dem Wasser entzogen. Weicht das Angebot stark von diesem Verhältnis ab, steigt die Konzentration des zu reichlich vorhandenen Nährstoffs im Wasser an und fördert das Wachstum unerwünschter Algen. In solchen Fällen hilft das Düngen mit dem fehlenden Nährstoff das Wachstum der Aquarienpflanzen zu verbessern, damit sie den überschüssigen Nährstoff verwerten und Algen zurückdrängen. Eine Düngung mit Eisen und Mikronährstoffen würde in so einem Fall dagegen vor allem das Algenwachstum fördern.

Phosphat- und Nitratwert im Aquarium sollten darum immer zusammen betrachtet werden.

Kalzium, Magnesium und Kalium

Diese drei Bestandteile sind unverzichtbare Mineralien für die Pflanze. Kalium ist nur in gelöster Form in den Zellen als Ion vorhanden und reguliert hauptsächlich den osmotischen Druck der Zellen. Kalzium stabilisiert die Zellwände und dient im Zellsaft als Botenstoff und Katalysator für chemische Reaktionen. Magnesium ist Bestandteil des Chlorophylls und von verschiedenen Enzymen.

Im Wasser werden Kalzium und Magnesium als Gesamthärte nachgewiesen, wobei der Test keine Auskunft über das Mengenverhältnis der zwei Mineralien zueinander gibt. Pflanzen benötigen zehnmal mehr Kalzium als Magnesium. Theoretisch kann es darum auch in mittelhartem oder hartem Wasser zu Kalziummangel kommen. Häufiger fehlen die Mineralien aber in weichem Wasser oder wenn keine regelmäßigen Wasserwechsel gemacht werden. Mineralsalze, wie sie zum Beispiel für Diskusfische verwendet werden, liefern auch den Pflanzen wichtige Nährstoffe. Einige Pflanzenarten, die von Natur aus in kalkreichen Gewässern vorkommen, benötigen mehr Kalzium und Magnesium als andere Aquarienpflanzen. Dazu gehören zum Beispiel der Hammerschlag-Wasserkelch (*Cryptocoryne aponogetifolia*) und der Riesenwasserkelch (*Cryptocoryne usteriana*). Auf der anderen Seite gibt es Weichwasserpflanzen, die Kalk meiden und nur in sehr weichem Wasser wachsen. Solche Arten eignen sich aber nicht für die Kultur in einem Fischaquarium. Bei den bewährten Aquarienpflanzen spielt die Gesamthärte eine untergeordnete Rolle. Wichtiger ist die Karbonathärte, die Einfluss auf den Kohlendioxidgehalt des Wassers hat.

Kalium ist oft in zu geringer Menge im Aquarienwasser, Leitungswasser enthält so wenig, dass es nach einem Wasserwechsel innerhalb weniger Tage von den Pflanzen verbraucht wird. Darum ist für die Versorgung mit Kalium Aquarienpflanzendünger notwendig.

Die schwarzen Flecken am Javafarn sind ein typisches Zeichen für Kaliummangel

Mineralsalze für die Aufbereitung von Osmosewasser versorgen Tiere und Pflanzen mit Kalzium, Magnesium und Kalium

Mikronährstoffe

Mikronährstoffe oder Spurenelemente werden die Pflanzennährstoffe genannt, die nur in geringer Menge benötigt werden. Von ihnen kann nur Eisen mit handelsüblichen Wassertests gemessen werden.

Es sollte in einer Konzentration von etwa 0,1 mg/l im Wasser nachweisbar sein. Geeignet sind solche Aquarienpflanzendünger, die neben Eisen auch alle anderen Spurenelemente enthalten und das auch auf dem Etikett ausweisen. Dünger einzusetzen, die nur Eisen enthalten, ist nicht empfehlenswert. Ein Überschuss an Eisen kann zum einen toxisch auf die Pflanzen wirken, zum anderen behindert er die Aufnahme der anderen Mikronährstoffe.

Die hellen, fast weißen Triebspitzen dieser Rundblättrigen Rotala (*Rotala rotundifolia*) sind ein deutliches Eisenmangelsymptom

Kohlendioxid

Kohlendioxid ist in Wasser sehr gut löslich. Bei einer Temperatur von 25 °C und einem pH-Wert von 4,3 liegt der Sättigungswert bei 1450 mg/l. Im Vergleich dazu lösen sich unter den gleichen Bedingungen nur etwa 40 mg Sauerstoff pro Liter. Tatsächlich ist die CO_2-Konzentration in Aquarienwasser aber weit niedriger. Die Menge an freiem CO_2 wird durch das Kalk-Kohlensäure-Gleichgewicht bestimmt, das durch den pH-Wert und die Karbonathärte beeinflusst wird. Die Wachstumsgeschwindigkeit der Pflanzen wird durch das Fehlen von Kohlendioxid begrenzt. Mangelsymptome treten bei niedrigen CO_2- Angeboten aber nicht auf.

Das Kalk-Kohlensäure-Gleichgewicht

Im Wasser stellt sich ein Gleichgewicht zwischen dem pH-Wert, der Karbonathärte und gelöstem Kohlendioxid ein. Bei einem pH-Wert unter 4,3 liegt der gelöste Kohlenstoff nur als Kohlendioxid oder Kohlensäure vor. Bei einem pH-Wert über 8,3 ist er vollständig als Karbonathärte messbar. Weil es sich um eine chemische Gleichgewichtsreaktion handelt, kann der Gehalt an freiem CO_2 mithilfe einer Konstanten für die jeweilige Wassertemperatur aus der Menge an Bicarbonat (Karbonathärte) und dem pH-Wert berechnet werden. In der Aquaristik finden Tabellen mit den Ergebnissen solcher Berechnungen Verwendung, die sich auf eine Wassertemperatur von 25 °C beziehen.

Durch die Fotosyntheseaktivität der Pflanzen schwankt der CO_2-Gehalt des Wassers im Tagesverlauf. Der CO_2-Gehalt nimmt während der Belichtungsphase ab, während die Karbonathärte unver-

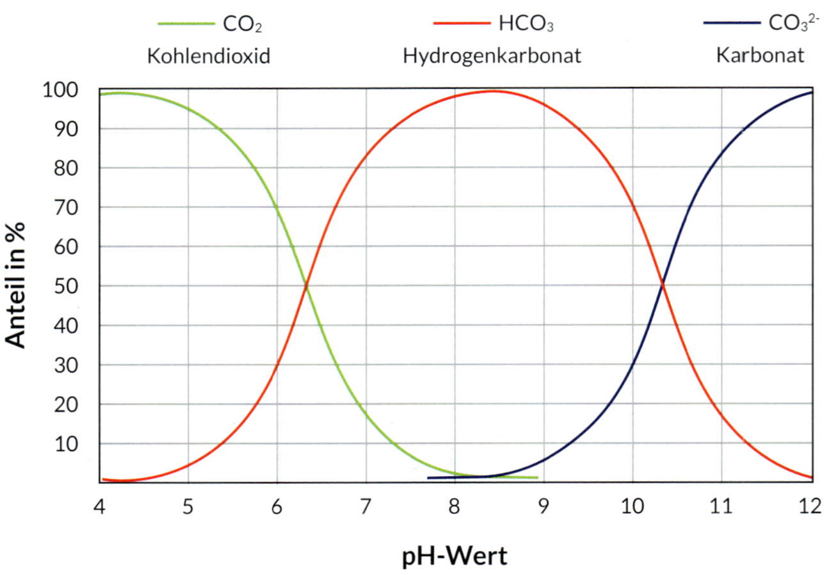

Kalk-Kohlensäure-Gleichgewicht: Der Anteil an freiem CO_2 hängt vom pH-Wert ab

ändert bleibt. Das führt dazu, dass der pH-Wert steigt. Sobald das Licht ausgeht, stellen die Pflanzen die Kohlendioxidaufnahme ein und der CO_2-Gehalt im Wasser steigt an, während der pH-Wert sinkt. Mit einer künstlichen CO_2-Zufuhr kann die tägliche pH-Erhöhung durch die Fotosynthese kompensiert werden.

CO_2-Bedarf von Aquarienpflanzen

Wenn Aquarienpflanzen ausreichend Licht und Nährstoffe zur Verfügung haben, wird ihr Wachstum durch das Kohlendioxid-Angebot begrenzt. Sie benötigen ein Minimum zum Überleben, aber ihr Wuchs kann nicht unbegrenzt durch die Zufuhr von CO_2 beschleunigt werden. Die Beziehung zwischen dem Angebot an Kohlendioxid und dem Wachstum bzw. der Fotosyntheserate lässt sich als Sättigungskurve darstellen. Bei einem geringen Angebot an Kohlendioxid beschleunigt sich das Wachstum bei CO_2-Zufuhr zunächst schnell. Je höher aber die CO_2-Konzentration wird, desto weniger Einfluss hat eine weitere Zufuhr auf das Wachstum. Irgendwann können die Pflanzen kein zusätzliches CO_2 mehr aufnehmen und sie erreichen ihre CO_2-Sättigung.

Aquarienpflanzen brauchen viel weniger CO_2 als allgemein angenommen wird. Wissenschaftliche Untersuchungen an verschiedenen Wasser- und Sumpfpflanzen ergaben, dass ihr minimaler Bedarf – der CO_2-Kompensationspunkt –

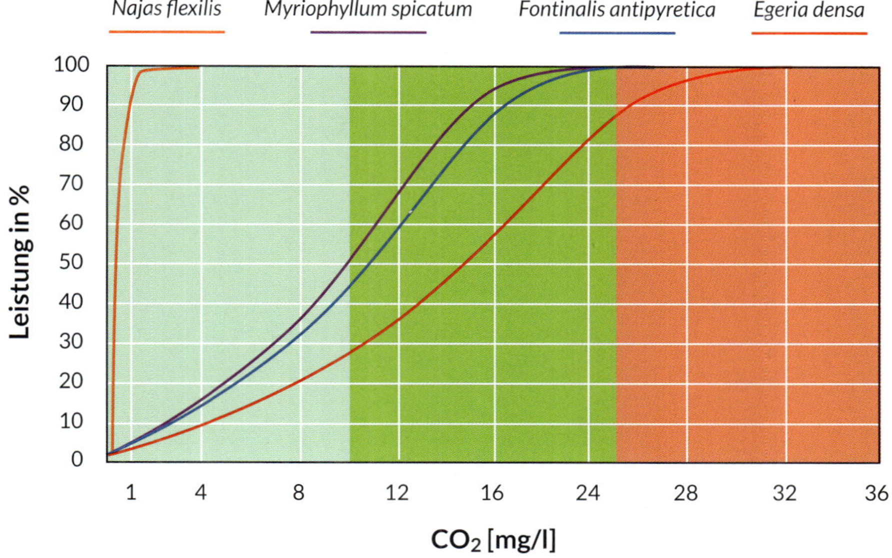

Sättigungskurven CO_2

zwischen 0,06 und 0,5 mg/l liegt. Das Nixkraut *Najas flexilis* erreicht seine Sättigung bereits bei 1,5 mg CO_2 pro Liter. Das Ährige Tausendblatt (*Myriophyllum spicatum*), das Quellmoos (*Fontinalis antipyretica*), das Hornblatt (*Ceratophyllum demersum*) und die Dichtblättrige Wasserpest (*Egeria densa*) sind bei einem Angebot zwischen 20 und 45 mg/l gesättigt. Daraus folgt, dass eine Kohlendioxid-Konzentration zwischen 10 und 25 mg/l für ein gutes Pflanzenwachstum völlig ausreicht. Das Wasser darüber hinaus mit einer CO_2-Düngung anzureichern ist nicht notwendig und kann unter Umständen den Tieren schaden.

Kohlendioxid-Düngung

Durch Kohlendioxiddüngung kann der CO_2-Gehalt im Aquarienwasser erhöht werden. Besonders in alkalischem Wasser, das nur wenig freies CO_2-enthält, wirkt sich das positiv auf das Wachstum der Pflanzen aus. Allerdings ist eine zu hohe CO_2-Konzentration für die Tiere im Becken gefährlich. Weil das Kohlendioxid die Aufnahme von Sauerstoff ins Blut behindert, können Fische und Wirbellose an einer CO_2-Vergiftung sterben, auch wenn genug Sauerstoff im Aquarienwasser ist. Darum ist es wichtig, das richtige Maß zu finden.

Gehalte bis 25 mg CO_2 pro Liter haben keinen Einfluss auf das Wohlbefinden der Tiere. Liegen die Werte aber mehrere Tage über 50 mg/l kommt es bei Fischen

pH	KH1	KH2	KH3	KH4	KH5	KH6	KH7	KH8	KH9	KH10	KH11	KH12	KH13	KH14	KH15	KH16	KH17	KH18	KH19	KH20
6	30,0	60,0	90,0	120,0	150,0	180,0	210,0	240,0	270,0	300,0	330,0	360,0	390,0	420,0	450,0	480,0	510,0	540,0	570,0	600,0
6,1	23,8	47,6	71,4	95,2	119,0	142,8	166,6	190,4	214,2	238,0	261,8	285,6	309,4	333,2	357,0	380,8	404,6	428,4	452,2	476,0
6,2	18,9	37,8	56,7	75,6	94,5	113,4	132,3	151,2	170,1	189,0	207,9	226,8	245,7	264,6	283,5	302,4	321,3	340,2	359,1	378,0
6,3	15,0	30,0	45,0	60,0	75,0	90,0	105,0	120,0	135,0	150,0	165,0	180,0	195,0	210,0	225,0	240,0	255,0	270,0	285,0	300,0
6,4	11,9	23,8	35,7	47,6	59,5	71,4	83,3	95,2	107,1	119,0	130,9	142,8	154,7	166,6	178,5	190,4	202,3	214,2	226,1	238,0
6,5	9,5	19,0	28,5	38,0	47,5	57,0	66,5	76,0	85,5	95,0	104,5	114,0	123,5	133,0	142,5	152,0	161,5	171,0	180,5	190,0
6,6	7,5	15,0	22,5	30,0	37,5	45,0	52,5	60,0	67,5	75,0	82,5	90,0	97,5	105,0	112,5	120,0	127,5	135,0	142,5	150,0
6,7	6,0	12,0	18,0	24,0	30,0	36,0	42,0	48,0	54,0	60,0	66,0	72,0	78,0	84,0	90,0	96,0	102,0	108,0	114,0	120,0
6,8	4,8	9,6	14,4	19,2	24,0	28,8	33,6	38,4	43,2	48,0	52,8	57,6	62,4	67,2	72,0	76,8	81,6	86,4	91,2	96,0
6,9	3,8	7,6	11,4	15,2	19,0	22,8	26,6	30,4	34,2	38,0	41,8	45,6	49,4	53,2	57,0	60,8	64,6	68,4	72,2	76,0
7	3,0	6,0	9,0	12,0	15,0	18,0	21,0	24,0	27,0	30,0	33,0	36,0	39,0	42,0	45,0	48,0	51,0	54,0	57,0	60,0
7,1	2,4	4,8	7,2	9,6	12,0	14,4	16,8	19,2	21,6	24,0	26,4	28,8	31,2	33,6	36,0	38,4	40,8	43,2	45,6	48,0
7,2	1,9	3,8	5,7	7,6	9,5	11,4	13,3	15,2	17,1	19,0	20,9	22,8	24,7	26,6	28,5	30,4	32,3	34,2	36,1	38,0
7,3	1,5	3,0	4,5	6,0	7,5	9,0	10,5	12,0	13,5	15,0	16,5	18,0	19,5	21,0	22,5	24,0	25,5	27,0	28,5	30,0
7,4	1,2	2,4	3,6	4,8	6,0	7,2	8,4	9,6	10,8	12,0	13,2	14,4	15,6	16,8	18,0	19,2	20,4	21,6	22,8	24,0
7,5	0,9	1,8	2,7	3,6	4,5	5,4	6,3	7,2	8,1	9,0	9,9	10,8	11,7	12,6	13,5	14,4	15,3	16,2	17,1	18,0
7,6	0,7	1,4	2,1	2,8	3,5	4,2	4,9	5,6	6,3	7,0	7,7	8,4	9,1	9,8	10,5	11,2	11,9	12,6	13,3	14,0
7,7	0,6	1,2	1,8	2,4	3,0	3,6	4,2	4,8	5,4	6,0	6,6	7,2	7,8	8,4	9,0	9,6	10,2	10,8	11,4	12,0
7,8	0,5	1,0	1,5	2,0	2,5	3,0	3,5	4,0	4,5	5,0	5,5	6,0	6,5	7,0	7,5	8,0	8,5	9,0	9,5	10,0
7,9	0,4	0,8	1,2	1,6	2,0	2,4	2,8	3,2	3,6	4,0	4,4	4,8	5,2	5,6	6,0	6,4	6,8	7,2	7,6	8,0
8	0,3	0,6	0,9	1,2	1,5	1,8	2,1	2,4	2,7	3,0	3,3	3,6	3,9	4,2	4,5	4,8	5,1	5,4	5,7	6,0
8,1	0,2	0,4	0,6	0,8	1,0	1,2	1,4	1,6	1,8	2,0	2,2	2,4	2,6	2,8	3,0	3,2	3,4	3,6	3,8	4,0
8,2	0,2	0,4	0,6	0,8	1,0	1,2	1,4	1,6	1,8	2,0	2,2	2,4	2,6	2,8	3,0	3,2	3,4	3,6	3,8	4,0
8,3	0,2	0,4	0,6	0,8	1,0	1,2	1,4	1,6	1,8	2,0	2,2	2,4	2,6	2,8	3,0	3,2	3,4	3,6	3,8	4,0
8,4	0,1	0,2	0,3	0,4	0,5	0,6	0,7	0,8	0,9	1,0	1,1	1,2	1,3	1,4	1,5	1,6	1,7	1,8	1,9	2,0

Tabelle mit CO_2-Gehalt im Aquarienwasser bei 25 °C

und Garnelen zu erhöhter Sterblichkeit. CO_2-Konzentrationen über 125 mg/l sind akut toxisch.

Aquarienpflanzen wachsen bereits ab einem Kohlendioxidangebot von 10 mg/l gut und sind zum Teil schon bei 20 mg CO_2/l gesättigt. Darum ist es nicht notwendig, die Werte künstlich auf 30 oder 35 mg/l zu erhöhen. CO_2-Gehalte zwischen 10 und 25 mg/l sind für ein gutes Wachstum der Aquarienpflanzen ausreichend und für alle Tiere ungefährlich.

Eine zusätzliche CO_2-Düngung ist sinnvoll, wenn der CO_2-Gehalt unter 10 mg/l liegt und das begrenzte Pflanzenwachstum nicht ausreicht, um genug Stickstoff und Phosphat aus dem Wasser zu ziehen.

Für die Pflanzen ist es ideal, wenn ihr Wachstum durch das Angebot an Kohlendioxid begrenzt wird. Sie wachsen dann zwar langsamer, aber gesund und ohne Mangelsymptome. Wird das Wachstum dagegen durch einen Nährstoffmangel begrenzt, kommt es zu Chlorosen, Nekrosen oder Verkrüppelungen.

Rotala macrandra bevorzugt weiches Wasser und benötigt viel freies CO_2 zum Wachsen. In mittelhartem Wasser kann sie nur mit zusätzlicher CO_2-Düngung gedeihen

Aquarientypen und Gestaltung

In der Aquaristik gibt es verschiedene Stilrichtungen mit unterschiedlichen Gestaltungskriterien. Unabhängig davon, wie das Aquarium später aussehen soll, ist es sinnvoll, in der Einlaufphase anpassungsfähige, pflegeleichte, schnell wachsende Arten zu verwenden, die schwankende Wasserwerte vertragen und auch in mulmfreien, nährstoffarmen Substraten gut wachsen.

Eine Auswahl pflegeleichter Aquarienpflanzen. Die verschiedenen Wuchstypen, Blattformen und Färbungen ermöglichen eine abwechslungsreiche Bepflanzung

Gesellschaftsbecken

Sie sind der häufigste Aquarientyp, in dem Tiere und Pflanzen aus verschiedenen Regionen der Erde mit den gleichen Lebensansprüchen gepflegt werden. Die Auswahl der Bewohner erfolgt unter Berücksichtigung der Verträglichkeit der Arten und dem Platzangebot im Aquarium. Vergesellschaftet werden Fische und andere Tiere, die verschiedene Zonen im Aquarium bewohnen (Oberfläche, mittlere Wasserzone, Boden).

Für die Gestaltung steht eine große Auswahl an Aquarienpflanzen zur Verfügung. Empfehlenswert sind anspruchslose Arten mit geringem Lichtbedarf. Eine Kombination aus schnell wachsenden Stängelpflanzen und Rosettenpflanzen ist ideal. Die schnell wachsenden Arten entziehen dem Wasser überschüssiges Nitrat und Phosphat, die durch die Fütterung der Tiere ins Aquarium gelangen.

10 pflegeleichte Arten für Ersteinrichtung und Gesellschaftsaquarium

Bacopa australis
Cryptocoryne wendtii
Echinodorus grisebachii „Amazonicus"
Egeria densa
Hygrophila polysperma
Limnophila sessiliflora
Najas guadalupensis
Nymphoides sp. „Flipper"
Rotala rotundifolia
Vallisneria spiralis

In Gesellschaftsaquarien lebt eine bunte Mischung aus Tieren und Pflanzen von verschiedenen Kontinenten

Die Rosettenpflanzen durchwurzeln den Boden und versorgen ihn mit Sauerstoff. Zur Ergänzung können an beschatteten Stellen Moose, Farne und Speerblätter eingesetzt werden. Die Pflege des Pflanzenbestandes beschränkt sich auf den Rückschnitt der Stängelpflanzen und das Entfernen von abgestorbenen Blättern bei den Rosettenpflanzen. Auf diese Weise werden darin gebundener Stickstoff und Phosphat aus dem Aquarium entfernt. Regelmäßige Wasserwechsel und ein Mikronährstoffdünger mit Kalium versorgen die Pflanzen mit den notwendigen Nährstoffen.

Biotop-Aquarien

Etwas spezieller sind Biotop-Aquarien. Hier versucht der Aquarianer, möglichst genau einen Ausschnitt aus dem natürlichen Lebensraum seiner Tiere nachzubilden. Die Wasserwerte und die Temperatur sind speziell an die Bedürfnisse der Tiere angepasst und es werden nur Tierarten vergesellschaftet, die auch in der Natur gemeinsam vorkommen. Die Bepflanzung besteht ebenfalls aus Pflanzenarten der Region. Aber nicht alle Pflanzen, die in der Natur in den Habitaten vorkommen, eignen sich als Aquarienpflanzen. Darum beschränkt sich die Auswahl oft auf weit verbreitete subtropische oder tropische Arten des betreffenden Kontinents.

Wenn Pflanzenwuchs im Lebensraum der Tiere untypisch ist, wird teilweise auf eine Bepflanzung der Biotop-Aquarien verzichtet. In solchen Fällen können schnell wachsende Pflanzen in speziellen Filterbecken bei der Reinhaltung des Wassers helfen. Alternativ kann die Konzentration von Stoffwechselprodukten durch adsorbierende Filtermaterialien und häufigere Wasserwechsel niedrig gehalten werden.

Gebänderter Schneckenbuntbarsch (*Neolamprologus brevis*) im Biotop-Aquarium

Für Becken mit Cichliden aus dem Malawi-See eignen sich Vallisnerien, Hornblatt und Wasserpest

Diskusbecken

Typische Diskus-Habitate haben eine Wassertemperatur von 27 bis 30 °C. Das Wasser ist salzarm mit einem Leitwert von 10 bis 40 µS/cm. Mit einer Karbonathärte von 1 bis 4 °KH und einer Gesamthärte bis 6 °dH ist das Wasser zudem sehr weich. Für Pflanzen ist problematisch, dass sie bei den hohen Temperaturen einen erhöhten Lichtbedarf haben, Diskus es aber nicht zu hell mögen.

Deshalb eignen sich für die Bepflanzung von Diskus-Aquarien vor allem Pflanzen mit geringem Lichtbedarf. Der Blütenstiellose Sumpffreund (*Limnophila sessiliflora*), das Kirschblatt (*Hygrophila corymbosa*) und der Indische Wasserfreund (*Hygrophila polysperma*) wachsen schnell und binden viele Makronährstoffe. Die Riesenvallisnerie (*Vallisneria australis*) mit ihren flutenden Blättern beschattet das Becken und bietet den Fischen Deckung. *Echinodorus*-Arten und -Sorten eignen sich gut für eine dichte Hintergrundbepflanzung. Auch Wasserkelche (z. B. *Cryptocoryne beckettii, C. moehlmannii, C. pontederiifolia, C. walkeri, C. wendtii)* fühlen sich im Diskusbecken wohl. Auf Wurzelholz können Speerblätter aufgebunden werden.

10 empfehlenswerte Pflanzen für ein Diskus-Aquarium

Anubias barteri var. *barteri*
Cryptocoryne pontederiifolia
Echinodorus grisebachii
Echinodorus „Ozelot Grün“
Heteranthera zosterifolia
Hygrophila polysperma
Hygrophila corymbosa
Limnophila sessiliflora
Vallisneria australis
Vallisneria spiralis

Trotz hoher Temperatur und weichem Wasser ist es kein Problem, ein Diskusbecken zu bepflanzen

Aquarien für ostafrikanische Cichliden

Typische Aquarien für Cichliden aus den ostafrikanischen Grabenseen sind mit Sandflächen und mit Felsaufbauten gestaltet und nur wenig bepflanzt. In der Natur wachsen im Tanganjika- und Malawisee lediglich an einigen Stellen Vallisnerien und eingeschleppte Wasserpest. Diese Pflanzen werden von einigen der dort lebenden Barscharten angefressen. Zur Begrünung von Cichliden-Aquarien eignen sich Arten mit harten Blättern oder solche, die ungenießbare Inhaltstoffe haben und deshalb nicht von den Fischen gefressen werden. Dazu kommt, dass viele der Barsche graben und die

10 empfehlenswerte Pflanzen für Malawi- und Tanganjika-Aquarien

Anubias afzelii
Anubias barteri var. *angustifolia*
Anubias barteri var. *barteri*
Crinum thaianum
Cryptocoryne aponogetifolia
Cryptocoryne crispatula
Cryptocoryne usteriana
Egeria densa
Microsorum pteropus
Vallisneria spiralis

Aquarium mit *Labidochromis* aus dem Malawisee (o.)

Tropheus aus dem Tanganjikasee (r.)

Pflanzen es schwer haben anzuwachsen. Für viele Aquarienpflanzen sind außerdem der alkalische pH-Wert und die hohe Karbonathärte ein Problem.

Meistens werden für die Bepflanzung darum Formen von Barters Speerblatt (*Anubias barteri*) oder Javafarn (*Microsorum pteropus*) verwendet. Sie lassen sich gut auf den Felsaufbauten aufbinden. Im Boden verwurzelte Pflanzen können in Töpfe zwischen Steinen fixiert oder im Substrat durch große Steine geschützt werden, damit sie nicht ausgegraben werden. Gut bewährt haben sich kalkliebende Wasserkelche (*Cryptocoryne aponogetifolia, C. crispatula, C. usteriana*) und Hakenlilien (*Crinum calamistratum, C. natans, C. thaianum*). Ihre Blätter enthalten reizende Substanzen, mit denen sie die Fische abwehren.

Holländische Pflanzenaquarien

Bei holländischen Pflanzenaquarien steht die Gestaltung einer Unterwasser-Parklandschaft mit den Pflanzen im Vordergrund. Niedrigere und höhere Pflanzen wechseln sich ab und bilden Konturen, die den Blick des Betrachters führen. Jede Pflanze wird so platziert, dass ihre Blattform und ihre Färbung möglichst gut zur Geltung kommen und sie sich gleichzeitig in ein harmonisches Gesamtbild einfügt. Die Bepflanzung soll eine Tiefenwirkung erzielen, sie soll abwechslungsreich sein und nach Möglichkeit die gesamte technische Einrichtung und die rückwärtige Wand verdecken. Speziell ist bei dieser Gestaltungsform

In diesem Aquarium spielen die Pflanzen die Hauptrolle. Mit viel Licht, Kohlendioxiddüngung und einer ausgewogenen Nährstoffversorgung lassen sich auch anspruchsvolle Arten erfolgreich pflegen

das Anlegen von Pflanzstraßen, die vorn ganz niedrig beginnen und nach hinten hin immer höher werden. Eine typische Art für die holländische Pflanzstraße ist die Kardinalslobelie (*Lobelia cardinalis*). Der Trend zu solchen Pflanzenbecken kam in den 1950er- und 1960er-Jahren aus den Niederlanden zu uns.

Pflegemaßnahmen, Belichtung, Düngung und CO_2-Zufuhr werden auf die Bedürfnisse der Pflanzen ausgerichtet. Der Fischbesatz ist in der Regel gering, sodass die Nährstoffversorgung hauptsächlich über gezielte Düngung mit Makro- und Mikronährstoffdüngern erfolgt. Da Lichtangebot, Bodengrund und Wasserwerte an die Bedürfnisse der Pflanzen angepasst werden, lassen sich im holländischen Pflanzenaquarium alle Aquarienpflanzen kultivieren, sofern sich die Ansprüche einzelner Arten nicht gegenseitig völlig ausschließen.

Die Kardinalslobelie (*Lobelia cardinalis*) ist wegen ihres langsamen Wachstums ideal für Pflanzstraßen geeignet (o.)

Aquascaping

Beim Aquascaping werden in Aquarien Landschaften nach dem Vorbild der Natur gestaltet. Wälder, Wiesen, Schluchten, Bachläufe und Bäume werden nachgebildet und daraus eine Landschaftsillusion geformt. Hintergrundbilder mit Landschaften oder Himmel, wechselnde Beleuchtung, Lichtspots und Pumpen erzeugen Bewegungen und unterstützen die Wirkung.

Diese Form der Gestaltung wurde von Takashi Amano entwickelt. Der Iwagumi-Stil ist eine Form des Aquascapings, bei der Felsen und ihre Struktur im Mittelpunkt stehen.

Aquascaping erfordert einen hohen Aufwand in der Gestaltung und in der Pflege. Spezielle, nährstoffreiche Substrate, künstliche Kohlendioxidzufuhr und der gezielte Einsatz von Düngern sind unverzichtbar. Die Pflanzen müssen regelmäßig geschnitten oder neu aufgebunden werden, damit die künstliche Unterwasserlandschaft erhalten bleibt. Fische stören die Wirkung. Darum werden nur wenige Garnelen und Schnecken zur Algenbekämpfung eingesetzt.

Nachbildung einer Landschaft mit einem Baum in einem japanischen Naturaquarium (l.)

Als Iwagumi werden Aquascapes mit Felsen bezeichnet, bei denen das Hardscape im Vordergrund steht (u.)

Brackwasseraquarien

Nur wenige höhere Pflanzen tolerieren hohe Salzgehalte, wie sie im Brackwasser oder gar im Meerwasser vorkommen. Im Meer gibt es ausschließlich Seegräser, im Brackwasser leben zum Beispiel verschiedene *Najas*-Arten, die Salz-Bunge (*Samolus valerandi*), Simsen, Salden und Teichfaden sowie Armleuchteralgen.

Problematisch ist für die Pflanzen der hohe Salzgehalt, der die Aufnahme von Wasser und Nährsalzen durch Osmose erschwert. Außerdem stören große Mengen Natrium (Na^{2+}) im Pflanzengewebe den Stoffwechsel. Das hat zur Folge, dass Chlorophyll, Zucker und Proteine abgebaut werden. Die Form der Zellen und die Struktur von Blättern und Leitgefäßen verändern sich. Bei Nuttalls Wasserpest (*Elodea nuttalii*) nimmt bereits bei 0,3 g/l die Zahl der Seitentriebe ab und ihre Blätter werden kleiner. Die Muschelblume (*Pistia stratiotes*) geht bei einem Salzgehalt von 0,8 mg/l zurück. Beim Hornblatt (*Ceratophyllum* sp.) und dem Kleinen Fettblatt (*Bacopa monnieri*) sind ab 2 g/l negative Auswirkungen feststellbar. Die Dichtblättrige Wasserpest (*Egeria densa*) wächst in der Natur in Gewässern mit bis zu 5 g Salz pro Liter. Allerdings werden ihr Längenwachstum und die Wurzelbildung bei Salzgehalten ab 2 g/l bereits gehemmt. Der Gewimperte Wasserkelch (*Cryptocoryne ciliata*) verträgt Brackwasser und auch die hohen Salzgehalte von Meerwasser sehr gut. Er ist die Cryptocorynen-Art mit dem größten Verbreitungsgebiet und kommt von Indien bis nach Neuguinea in allen Küstengebieten Asiens vor. Das Guadalupe-Nixkraut (*Najas guadalupensis*) und die Kleine Wasserlinse (*Lemna minor*) können bei Salzkonzentrationen bis 10 g/l überleben.

Salzgehalte in Gewässern

Süßwasser:	< 0,5 ppt
Brackwasser:	0,5 bis 3 ppt
Meerwasser:	> 3 ppt

ppt entspricht g/l bzw. %

Die Salzbunge (*Samolus valerandi*) wird nur selten als Aquarienpflanze kultiviert

Kaltwasseraquarien

Subtropische Fische und Kaltwasserfische benötigen vor allem im Winter kühlere Temperaturen

Werden Tiere aus den kühl gemäßigten Breiten im Haus gepflegt, ist ein Kühlaggregat notwendig, um die Temperatur ständig niedrig halten zu können. Zur Bepflanzung solcher Kaltwasseraquarien eignen sich Pflanzen aus dem Teichhandel. Sie benötigen aber relativ viel Licht, was früher wegen der Abwärme der Lampen ein Problem war. Mit LED-Lampen ist die Kultur dieser Pflanzen aber heute weniger schwierig. Gut geeignet sind neben Vallisnerien, Sagittarien, Pfennigkraut, Hornblatt und Wasserpest auch die Wasserfeder, die japanische Mummel und Wassernabel. Laichkräuter sind sehr dekorativ, wachsen aber meistens nicht im Aquarium an.

Nano-Aquarien

Als Nano-Aquarien werden Becken bezeichnet, die weniger als 60 Zentimeter Kantenlänge bzw. weniger als 54 Liter Volumen haben. Sehr kleine Nano-Becken können sogar weniger als 10 Liter beinhalten. Für die Bepflanzung eignen sich Moose und andere Arten mit geringer Wuchshöhe, kleinen Blättern und langsamem Wuchs.

Empfehlenswerte Pflanzen für Nano-Aquarien

Anubias barteri var. *nana* „Bonsai“
Bucephalandra sp.
Cryptocoryne parva
Cryptocoryne x *willisii*
Eleocharis parva
Glossostigma elatinoides
Hemianthus callitrichoides
Marsilea sp.
Pogostemon stellatus
Staurogyne repens

Das Bonsai-Zwergspeerblatt (*Anubias barteri* var. *nana* „Bonsai“) ist gut für Nano-Aquarien geeignet

Nano-Aquarien sind bei Aquascapern sehr beliebt

Bepflanzung

Pflanzen bringen Mikroorganismen ins Aquarium ein, die für den Aufbau des Ökosystems wichtig sind. Bei der Neueinrichtung eines Aquariums sollten zu Beginn 80 Prozent der Bodenfläche mit anpassungsfähigen, pflegeleichten Arten bepflanzt werden. Dann können sie mit ihren Wurzeln schnell den Boden beleben und sind auch sofort eine Konkurrenz für Algen. Je mehr Pflanzen zu Beginn eingesetzt werden, desto schneller entsteht ein stabiles Gleichgewicht. Wenn die Pflanzen angewachsen sind und einige mit ihren Wurzeln das Substrat weit durchziehen, können für gründelnde Fische Freiflächen im Vordergrund geschaffen und der Bewuchs nach und nach durch andere Aquarienpflanzen ersetzt werden.

Stehen die kleineren Pflanzen vorne und die größeren hinten, kommen alle Aquarienpflanzen gut zur Geltung

Rote Stängelpflanzen wirken am schönsten im Kontrast mit grünen Aquarienpflanzen

In der Natur bilden Pflanzen einer Art oft größere Gruppen an einem Standort. Kommen mehrere Arten zusammen in einem Gewässer vor, sind ihre Bestände häufig klar voneinander abgegrenzt. Es kommen aber auch Mischbestände aus verschiedenen Wasserpflanzen vor. Im Aquarium wirken Gruppenpflanzungen harmonisch und ermöglichen es, durch geschickte Gestaltung den Blick des Betrachters zu führen. Mischbepflanzungen sehen dagegen wild und urig aus.

Die Bepflanzung und Dekoration wird in verschiedene Bereiche gegliedert. Im Vordergrund ist viel freier Schwimmraum. Hier lassen sich die Tiere besonders gut während der Fütterung beobachten. Schwimmfreudige Fische halten sich hier bevorzugt auf. Für gründelnde Fische wie Panzerwelse und Arten, die das Substrat nach Futter durchwühlen, bleibt der Boden im Vordergrund pflanzenfrei. Wenn keine freien Sandflächen benötigt werden, können niedrige, rasenbildende oder kriechende Aquarienpflanzen zur Begrünung eingesetzt werden.

Im Hintergrund dient die Bepflanzung den Fischen als Rückzugsort. Sie bildet den optischen Abschluss des Aquariums, wenn keine 3D- oder Foto-Rückwand verwendet wird. Außerdem lassen sich dahinter Innenfilter, Pumpen und Heizer verbergen. Darum wachsen im hinteren Beckenbereich die Pflanzen für gewöhnlich bis zur Wasseroberfläche.

Der Mittelgrund ist der Übergangsbereich zwischen Vorder- und Hintergrund. Hier werden Wurzeln, Steine und schöne Einzelpflanzen positioniert, sodass sie gut sichtbar sind. Die Bepflanzung besteht aus niedrigen Rosettenpflanzen und Stängelpflanzen, die durch regelmäßigen Rückschnitt in der Höhe reguliert werden. Die Gestaltung des Mittelgrundes hat großen Einfluss auf die Wirkung des Aquariums. Werden die Pflanzen von vorne nach hinten allmählich höher, erreicht man eine größere optische Tiefe.

Vordergrundpflanzen bis fünf Zentimeter

Sehr niedrige Aquarienpflanzen sind gut geeignet, um das Substrat direkt an der Frontscheibe zu bepflanzen.

Kleinbleibende Rosettenpflanzen mit grasähnlichen, schmalen Blättern eignen sich zur Anlage eines Rasens im Vordergrund. Wenn sie genügend Nährstoffe und Licht zur Verfügung haben, dann bilden die Zwergnadelsimse (*Eleocharis parva*), die Zwergschwertpflanze (*Helanthium tenellum*) und die Brasilianische Graspflanze (*Lilaeopsis brasiliensis*) reichlich Ausläufer und bedecken das Substrat nach einigen Wochen vollständig. Der Zwergwasserkelch (*Cryptocoryne parva*) entwickelt sich deutlich langsamer. Er muss erst einige Monate ungestört anwachsen, bevor er beginnt Ausläufer zu bilden.

Kriechsprosspflanzen wie das Australische Zungenblatt (*Glossostigma elatinoides*) und der Dreiteilige Wassernabel (*Hydrocotyle tripartita*) breiten sich in alle Richtungen aus und können dicht verfilzte Polster bilden. Sie eignen sich gut, um Übergänge zwischen Terrassen und Steinen zu gestalten und Erhebungen im Substrat stabil zu halten. Mit ihnen lassen sich ansteigende und unebene Flächen im Aquarium begrünen.

Durch die Kombination aus kriechenden und niedrigen, ausläuferbildenden Aquarienpflanzen hat sich hier ein dichtes, flaches Pflanzenpolster gebildet (o. l.)

Die Zwergnadelsimse und die Zwergschwertpflanze bilden bei ausreichend Lichtangebot dichte Rasenflächen (u. l.)

Niedriger Pflanzenbestand mit *Eleocharis*, *Glossostigma* und Moos (u. r.)

Vorschläge für die Bepflanzung des Vordergrundes

botanischer Name	deutsche Bezeichnung	Wuchsform	Farbe	Herkunft
Anubias barteri var. *nana*	Zwergspeerblatt	Rhizompflanze	dunkelgrün oder goldgelb	Afrika
Cryptocoryne parva	Zwergwasserkelch	Rosettenpflanze mit Ausläufern	mittelgrün	Asien
Eleocharis pusilla	Zwergnadelsimse	Rosettenpflanze mit Ausläufern	mittelgrün	Australien
Glossostigma elatinoides	Australisches Zungenblatt	Kriechsprosspflanze	mittelgrün	Australien
Helanthium tenellum var. *parvulum*	Zwergschwertpflanze	Rosettenpflanze mit Ausläufern	hellgrün	Nordamerika
Hemianthus callitrichoides	Zwergperlenkraut	Kriechsprosspflanze	hellgrün	Karibik
Hemianthus micranthemoides	Quirlblättriges Perlenkraut	Kriechsprosspflanze	hellgrün	Nordamerika
Hydrocotyle tripartita	Dreiteiliger Wassernabel	Kriechsprosspflanze	hellgrün	Australien
Lilaeopsis brasiliensis	Brasilianische Graspflanze	Rosettenpflanze mit Ausläufern	mittelgrün	Südamerika
Lilaeopsis carolinensis	Carolina-Graspflanze	Rosettenpflanze mit Ausläufern	hellgrün	Nord- und Südamerika
Marsilea sp.	Zwergkleefarn	Kriechsprosspflanze	dunkelgrün	Australien
Micranthemum umbrosum	Rundblättriges Perlenkraut	Kriechsprosspflanze	hellgrün	Nordamerika
Pogostemon helferi	Kleiner Wasserstern	Rosettenpflanze	hellgrün bis rötlich	Asien
Staurogyne repens	Kriechende Staurogyne	kriechende Stängelpflanze	mittelgrün	Südamerika

Foto: CAU, Hong Kong

Pflanzen für den vorderen Mittelgrund

Einige Rosettenpflanzen bleiben klein und werden von Natur aus nicht höher als etwa zehn Zentimeter. Mit ihnen können freie Flächen aufgelockert oder der Übergang zur Mittelgrundbepflanzung gestaltet werden. Sie lassen sich gut mit langsam wachsenden Stängelpflanzen kombinieren, die wiederholtes starkes Einkürzen gut vertragen. Nicht alle Stängelpflanzen erholen sich, wenn sehr kurze Stecklinge mit weniger als zehn Zentimeter Länge geschnitten werden. Mit Pflanzstraßen kann ein Übergang zwischen dem Vordergrund und dem Mittelgrund gestaltet werden.

Vorschläge für die Bepflanzung des vorderen Mittelgrundes

botanischer Name	deutsche Bezeichnung	Wuchsform	Farbe	Herkunft
Bacopa australis	Südliches Fettblatt	Stängelpflanze	hellgrün	Südamerika
Bacopa monnieri	Kleines Fettblatt	Stängelpflanze	hellgrün	Amerika, Afrika, Asien
Blyxa japonica	Japanisches Fadenkraut	Rosettenpflanze	hellgrün	Asien
Cryptocoryne crispatula var. *albida*	Weißlicher Wasserkelch	Rosettenpflanze mit Ausläufern	grün bis rotbraun	Asien
Cryptocoryne x *willisii*	Willis Wasserkelch	Rosettenpflanze mit Ausläufern	mittelgrün	Asien
Echinodorus grisebachii „Tropica“	Echinodorus „Tropica“	Rosettenpflanze	dunkelgrün	Kulturform
Helianthum tenellum var. *tenellum*	Zwergschwertpflanze	Rosettenpflanze mit Ausläufern	olivgrün bis rötlich-braun	Südamerika
Helanthium bolivianum	Bolivianische Schwertpflanze	Rosettenpflanze mit Ausläufern	hellgrün	Südamerika
Hydrocotyle verticillata	Hutpilzpflanze	Kriechsprosspflanze	grün	Nordamerika
Hygrophila difformis	Indischer Wasserwedel	Stängelpflanze	hellgrün	Asien
Hygrophila polysperma	Indischer Wasserfreund	Stängelpflanze	hellgrün bis bräunlich	Asien
Lilaeopsis mauritiana	Mauritius-Graspflanze	Rosettenpflanze mit Ausläufern	mittelgrün	Afrika
Lobelia cardinalis	Kardinalslobelie	Stängelpflanze	hellgrün	Nordamerika

Im Vordergrund wächst *Helanthium*, im Hintergrund *Hemianthus micranthemoides*, im Mittelgrund ist *Limnophila hippuridoides* von Steinen eingerahmt

Echinodorus grisebachii und *Vallisnerien* sind Hintergrundpflanzen

Foto: © mikhailg – stock.adobe.com

Pflanzen für den Mittelgrund mit 10 bis 20 cm

Der Mittelgrund dominiert die Optik des Aquariums. Hier sind dekorative Solitärpflanzen als Blickfang positioniert und Pflanzengruppen strukturieren die Unterwasserlandschaft.

Stängelpflanzen kommen am besten zur Geltung, wenn sie in Gruppen gepflanzt werden. Eine durch unterschiedlich lange Stecklinge von vorne nach hinten gestaffelte und stufenförmig aufgebaute Gruppe wirkt besonders dekorativ. Haben die Pflanzen große, auffällige Blätter, können bereits fünf bis zehn Stängel eine gute Wirkung erzielen. Feine Pflanzen wie Wallichs Rotala (*Rotala wallichii*) gewinnen in größeren Beständen mit 20 bis 30 Trieben an optischer Präsenz.

Kriechsprosspflanzen wie Perlenkraut (*Hemianthus micranthemoides*) oder Dreiteiliger Wassernabel (*Hydrocotyle tripartita*) schließen die Lücken zwischen den Beständen.

Große Rosettenpflanzen, zu denen die *Echinodorus*-Sorten, die Langblättrige Barclaya (*Barclaya longifolia*) oder Wasserähren (*Aponogeton* sp.) als Einzelpflanzen (Solitär) gehören, sind ein schöner Blickfang.

Die Pflanzen im Mittelgrund bestimmen das Aussehen des Aquariums

Barclaya longifolia

Foto: B. Wallach

Vorschläge für die Bepflanzung des Mittelgrundes mit Gruppenpflanzen und Solitärs

botanischer Name	deutsche Bezeichnung	Wuchsform	Farbe	Herkunft
Alternanthera reineckii	Rotes Papageienblatt	Stängelpflanze	rot	Südamerika
Ammannia gracilis	Große Kognakpflanze	Stängelpflanze	orange-rosa	Afrika
Ammannia senegalensis	Kleine Kognakpflanze	Stängelpflanze	orange-rosa	Afrika
Ammannia crassicaulis	Dickstängelige Nessea	Stängelpflanze	hellgrün mit rötlichen Triebspitzen	Afrika
Anubias afzeli	Afzels Speerblatt	Rhizompflanze	dunkelgrün	Afrika
Anubias barteri var. *angustifolia*	Schmales Speerblatt	Rhizompflanze	dunkelgrün	Afrika
Anubias barteri var. *barteri*	Barters Speerblatt	Rhizompflanze	dunkelgrün	Afrika
Anubias barteri var. *coffeifolia*	Kaffeeblättriges Speerblatt	Rhizompflanze	dunkelgrün mit braunem Herzblatt	Afrika
Anubias barteri var. *glabra*	Kahles Speerblatt	Rhizompflanze	dunkelgrün mit braunem Herzblatt	Afrika
Aponogeton madagascariensis	Gitterpflanze	Rosettenpflanze	grün mit gitterartig durchbrochenen Blattflächen	Afrika
Aponogeton ulvaceus	Meersalatähnliche Wasserähre	Rosettenpflanze	hellgrün	Afrika
Bacopa australis	Südliches Fettblatt	Stängelpflanze	hellgrün	Südamerika
Bacopa caroliniana	Carolina-Fettblatt	Stängelpflanze	mittelgrün bis olivgrün	Nordamerika
Bacopa monnieri	Kleines Fettblatt	Stängelpflanze	hellgrün	Amerika, Afrika, Asien, Australien
Barclaya longifolia	Langblättrige Barclaya	Rosettenpflanze	grün oder rot	Asien
Bolbitis heteroclita	Geschwänzter Wasserfarn	Rhizompflanze	grün	Asien
Bolbitis heudelottii	Kongo-Wasserfarn	Rhizompflanze	grün	Afrika
Cabomba aquatica	Wasser-Haarnixe	Stängelpflanze	grün	Südamerika
Cabomba furcata	Gegabelte Haarnixe	Stängelpflanze	rot-violett	Südamerika
Cryptocoryne beckettii	Becketts Wasserkelch	Rosettenpflanze	grün	Asien

botanischer Name	deutsche Bezeichnung	Wuchsform	Farbe	Herkunft
Cryptocoryne pontederiifolia	Pontederiblättriger Wasserkelch	Rosettenpflanze	hellgrün	Asien
Cryptocoryne undulata	Gewellter Wasserkelch	Rosettenpflanze	grün	Asien
Cryptocoryne walkeri	Walkers Wasserkelch	Rosettenpflanze	grün	Asien
Cryptocoryne wendtii	Wendts Wasserkelch	Rosettenpflanze	grün bis rotbraun	Asien
Echinodorus „Aquartica“		Rosettenpflanze	hellgrün	Zuchtform
Echinodorus „Barthii“		Rosettenpflanze	olivgrün bis samtig schwarz	Zuchtform
Echinodorus „Kleiner Bär“		Rosettenpflanze	rot-braun	Zuchtform
Echinodorus „Oriental“		Rosettenpflanze	hellgrün mit rosafarbenen Jugendblättern und hellen Blattadern	Zuchtform
Echinodorus „Rainers Felix“		Rosettenpflanze	hellgrün und rot marmoriert	Zuchtform
Eleocharis acicularis	Nadelsimse	Rosettenpflanze	grün	Amerika, Europa, Afrika, Asien, Australien
Eleocharis vivipara	Regenschirmsimse	Rosettenpflanze	grün	Nordamerika
Hydrocotyle difformis	Indischer Wasserwedel	Stängelpflanze	hellgrün	Asien
Hygrophila pinnatifida	Gebuchteter Wasserfreund	Stängelpflanze	dunkelgrün bis rotbraun	Asien
Hygrophila polysperma	Indischer Wasserfreund	Stängelpflanze	hellgrün bis bräunlich	Asien
Lilaeopsis macloviana	Argentinische Graspflanze	Rosettenpflanze mit Ausläufern	hellgrün	Südamerika
Limnophila aquatica	Wasser-Sumpffreund	Stängelpflanze	hellgrün	Asien
Limnophila sessiliflora	Blütenstielloser Sumpffreund	Stängelpflanze	hellgrün	Asien
Ludwigia palustris	Sumpf-Heusenkraut	Stängelpflanze	grün bis rot	Europa, Nordamerika

botanischer Name	deutsche Bezeichnung	Wuchsform	Farbe	Herkunft
Ludwigia palustris x *repens*	Breitblättrige Bastardludwigie	Stängelpflanze	rötlich	Nordamerika
Ludwigia repens	Kriechende Ludwigie	Stängelpflanze	grün	Nordamerika
Ludwigia repens x *arcuata*	Schmalblättrige Bastardludwigie	Stängelpflanze	lachsfarben bis rot	Kultur-hybride
Ludwigia „Rubin"	Rubin-Ludwigie	Stängelpflanze	rot	Kultur-hybride
Lysimachia nummularia	Pfennigkraut	Stängelpflanze	grün	Nordamerika, Europa
Microsorum pteropus	Javafarn	Rhizompflanze	grün	Asien
Myriophyllum mattogrossense	Mato-Grosso-Tausendblatt	Stängelpflanze	grün	Südamerika
Myriophyllum mezianum	Mez' Tausendblatt	Stängelpflanze	rötlich	Afrika
Myriophyllum tuberculatum	Rotes Tausendblatt	Stängelpflanze	rotbraun	Asien
Najas guadalupensis	Guadalupe-Nixkraut	Stängelpflanze	grün	Südamerika
Nymphaea lotus	Tigerlotus	Rosettenpflanze	grün bis rot	Afrika
Pogostemon erectus	Indische Sternpflanze	Stängelpflanze	grün	Asien
Pogostemon quadrifolius	Vierblättrige Sternpflanze	Stängelpflanze	grün	Asien
Pogostemon stellatus	Sternpflanze	Stängelpflanze	grün bis violett	Asien, Australien
Proserpinaca palustris	Amerikanisches Kammblatt	Stängelpflanze	dunkelgrün bis rot	Nordamerika
Rotala macrandra	Dichtblättrige Rotala	Stängelpflanze	lachsrot bis kirschrot	Asien
Rotala rotundifolia	Rundblättrige Rotala	Stängelpflanze	rosa bis rot	Asien
Rotala wallichii	Feinblättrige Rotala	Stängelpflanze	rot	Asien
Vallisneria asiatica	Asiatische Vallisnerie	Rosettenpflanze mit Ausläufern	grün	Asien
Vallisneria spiralis	Gemeine Sumpfschraube	Rosettenpflanze mit Ausläufern	grün	Europa, Afrika

Pflanzen für den Hintergrund ab 20 cm

Der Hintergrund schließt das Aquarium optisch ab. Hinter einem dichten Pflanzenbestand lässt sich gut die Technik verbergen. Die Tiere finden hier Schutz und Versteckmöglichkeiten. Im Hintergrund ist auch Platz für Pflanzen, deren Blätter so lang sind, dass sie unter der Oberfläche fluten.

Vorschläge für den Hintergrund mit hochwachsenden Arten und Arten mit flutenden Blättern

botanischer Name	deutsche Bezeichnung	Wuchsform	Farbe	Herkunft
Alternanthera reineckii	Rotes Papageienblatt	Stängelpflanze	rot	Südamerika
Aponogeton boivinianus	Boivins Wasserähre	Rosettenpflanze	grün	Afrika
Aponogeton crispus	Krause Wasserähre	Rosettenpflanze	grün bis rot	Asien
Aponogeton longiplumulosus	Gewelltblättrige Wasserähre	Rosettenpflanze	grün	Afrika
Aponogeton undulatus	Lebendgebärende Wasserähre	Rosettenpflanze	grün	Asien
Bacopa caroliniana	Carolina-Fettblatt	Stängelpflanze	mittelgrün bis olivgrün	Nordamerika
Blyxa aubertii	Auberts Fadenkraut	Rosettenpflanze	grün	Asien
Cryptocoryne aponogetifolia	Hammerschlag-Wasserkelch	Rosettenpflanze	dunkelgrün	Asien
Cryptocoryne crispatula var. *balansae*	Balansa-Wasserkelch	Rosettenpflanze	grün bis rotbraun	Asien
Cryptocoryne crispatula var. *crispatula*	Grasblättriger Wasserkelch	Rosettenpflanze	mittelgrün	Asien
Cryptocoryne spiralis	Spiraliger Wasserkelch	Rosettenpflanze	grün	Asien
Cryptocoryne usteriana	Riesen-Wasserkelch	Rosettenpflanze	grün mit roter Blattunterseite	Asien
Echinodorus grisebachii „Amazonicus“	Amazonas-Schwertpflanze	Rosettenpflanze	grün	Südamerika
Echinodorus grisebachii „Bleheri“	Blehers Schwerpflanze	Rosettenpflanze	grün	Südamerika

botanischer Name	deutsche Bezeichnung	Wuchsform	Farbe	Herkunft
Echinodorus „Deep Purple“		Rosettenpflanze	rot	Zuchtform
Echinodorus „Green Flame“		Rosettenpflanze	grün mit rotbraunen Flecken	Zuchtform
Echinodorus „Red Flame“		Rosettenpflanze	grün mit rotem Herzblatt und roten Flecken	Zuchtform
Echinodorus „Ozelot“		Rosettenpflanze	olivgrün mit rotbraunen Flecken, Jugendblätter rötlich	Zuchtform
Echinodorus „Reni“		Rosettenpflanze	rot bis rotbraun	Zuchtform
Echinodorus „Rubin“		Rosettenpflanze	olivgrün bis rot mit hellen Blattadern	Zuchtform
Echinodorus uruguayensis	Uruguay-Schwertpflanze	Rosettenpflanze	grün	Südamerika
Egeria densa	Dichtblättrige Wasserpest	Stängelpflanze	grün	Südamerika
Egeria najas	Nixkrautähnliche Wasserpest	Stängelpflanze	grün	Südamerika
Heteranthera zosterifolia	Seegrasblättriges Trugkölbchen	Stängelpflanze	hellgrün	Südamerika
Hydrocotyle leucocephala	Brasilianischer Wassernabel	Stängelpflanze	hellgrün	Südamerika
Hygrophila angustifolia	Schmalblättriger Wasserfreund	Stängelpflanzen	hellgrün	Asien
Hygrophila corymbosa	Kirschblatt	Stängelpflanze	hellgrün	Asien
Hygrophila difformis	Indischer Wasserwedel	Stängelpflanze	hellgrün	Asien
Limnophila aquatica	Wasser-Sumpffreund	Stängelpflanze	hellgrün	Asien
Limnophila sessiliflora	Blütenstielloser Sumpffreund	Stängelpflanze	hellgrün	Asien
Vallisneria australis	Riesenvallinserie	Rosettenpflanze mit Ausläufern	grün	Australien
Vallisneria nana	Zwergvallisnerie	Rosettenpflanze mit Ausläufern	grün	Australien
Vallisneria spiralis	Gemeine Sumpfschraube	Rosettenpflanze mit Ausläufern	hellgrün	Europa, Afrika
Zosterella dubia	Seegrasblättriges Trugkölbchen	Stängelpflanze	hellgrün	Nordamerika

Die Hintergrundbepflanzung sollte möglichst blickdichte Bestände bilden

Anubias barteri var. *coffeifolia* auf einem Lavabrocken

Bucephalandra und *Anubias* auf Fels

Microsorum pteropus „Windelow“ auf Wurzelholz

Aufsitzerpflanzen

Als Aufsitzer werden Pflanzen bezeichnet, die nicht im Substrat wurzeln, sondern an Felsen oder Treibholz haften. Sie können im Aquarium auf Wurzeln, Steinaufbauten oder die Rückwand gesetzt werden, um diese zu begrünen. Einzelne Wurzeln oder Steine mit Aufsitzern können im Aquarium beliebig umgesetzt werden. Sie nehmen keinen Schaden, wenn grabende Fische sie aus dem Weg räumen. In Quarantäne- und Aufzuchtbecken ohne Bodengrund bieten sie den Tieren Deckung.

Das Besondere an Aufsitzerpflanzen ist ihr kriechendes Rhizom mit den kräftigen Haftwurzeln. In der Natur wachsen sie an den Ufern von schnell fließenden Gewässern, in Stromschnellen und Wasserfällen. Die botanische Bezeichnung für solche Pflanzen lautet Rheophyten.

Typische Aufsitzer sind Javafarn (*Microsorum pteropus*), Kongo-Wasserfarn (*Bolbitis heudelottii*) sowie die Speerblätter (*Anubias* sp.) und die *Bucephalandra*-Arten. Ihre Rhizome können mit einem festen Garn oder Angelsehne an Steinen oder Wurzeln befestigt werden, bis sie mit ihren Haftwurzeln angewachsen sind. Die Pflanzen müssen nach dem Anbinden festsitzen, gleichzeitig dürfen ihre Rhizome aber nicht abgeschnürt werden. Einfacher ist es, die Rhizome mit einem Sekundenkleber auf Basis von Cyanoacrylat auf Holz oder Stein festzukleben.

Moose

Manche Moose bilden Haftorgane, mit denen sie Halt an Steinen, Holz, Filtermatten oder der Rückwand finden. Andere wachsen von Natur aus freitreibend unter der Wasseroberfläche oder sinken auf den Grund. Mithilfe von Schnüren, Gittern und Netzen können sie an gewünschter Stelle im Aquarium fixiert werden, oft wachsen die Triebe aber aus dieser Fixierung heraus. Sie müssen darum regelmäßig zurückgeschnitten oder neu aufgebunden werden, damit sie an Ort und Stelle bleiben. Moose haben einen geringen Lichtbedarf und können problemlos in beschatteten Bereichen des Aquariums und unter anderen Pflanzen gedeihen. Sie vertragen aber auch eine stärkere Belichtung.

Mit Farnen, Speerblättern und Moosen dekoriertes Wurzelholz bietet den Fischen viele Versteckmöglichkeiten

Pflanzenporträts

Foto: © Sergii Figurnyi – stock.adobe.com

17 – 28 °C

4 – 15 °KH

pH 6 – 7,2

Alternanthera

Papageienblatt

Die Gattung *Alternanthera* ist in den Tropen und Subtropen Amerikas, Afrikas, Asiens und Australiens beheimatet. Die gestielten Blätter sind lanzettlich bis linealisch und stehen kreuzgegenständig an den Stängeln. Nicht alle Arten sind für die Aquarienkultur geeignet, *A. sessilis* oder *A. bettzickiana* können nicht dauerhaft unter Wasser kultiviert werden.

Das Rote Papageienblatt (*A. reineckii*) aus Südamerika ist eine dekorative Aquarienpflanze. Als Blickfang wirkt es am besten in Gruppen ab zehn Stecklingen im Mittelgrund. Die Pflanzen haben einen hohen Lichtbedarf. Bei Lichtmangel oder wenn die Bestände zu dicht sind, werden die unteren Blätter abgestoßen. Für ein zügiges und gesundes Wachstum benötigen sie außerdem freies CO_2 und eine gute Versorgung mit Eisen und

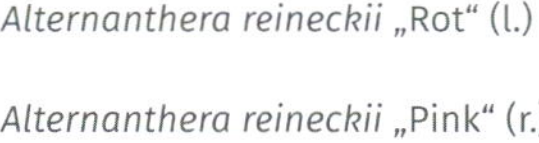

Alternanthera reineckii „Rot“ (l.)

Alternanthera reineckii „Pink“ (r.)

Mikronährstoffen. Die Vermehrung gelingt am besten durch Stecklinge mit einer Länge ab fünfzehn Zentimetern. Es gibt verschiedene Formen, die nach ihrer Färbung benannt sind. Die pflegeleichteste Form ist als „Pink“, „Rosa“ oder „Rosaefolia“ bekannt. Je nach Lichtangebot sind ihre lanzettlichen Blätter auf der Oberseite olivgrün bis rotbraun und unterseits rosa. „Cardinalis“ hat etwas schmalere, lanzettliche Blätter mit gewellten Rändern. Bei guter Belichtung werden die Blattoberseiten rotbraun und die Unterseiten kräftig weinrot. „Grün“ und „Rot“ haben längliche olivgrüne bzw. rote Blätter mit gewellten Rändern. „Lila“ oder „Lilacina“ besitzen lanzettliche bis eilanzettliche Blätter mit glatten Rändern. Ihre Oberseite ist rot, die Blattunterseite kräftig pink bis violett. Bei „Rosanervig“ sind die Adern der dunkelroten Blätter rot oder rosa gefärbt und heben sich so von den Blattspreiten ab.

Blütenstände von *Alternanthera*

Alternanthera reineckii „Rosanervig“ (r.)

Alternanthera reineckii „Cardinalis“ (l.)

22 – 28 °C

2 – 8 °KH

pH 5 – 7,2

Ammannia

Kognakpflanzen

2013 wurden die *Nesaea*-Arten in die Gattung *Ammannia* überführt, die in den Tropen und Subtropen Afrikas und Asiens weit verbreitet ist. Die eilanzettlichen bis linealischen Blätter haben keinen Blattstiel, sie sitzen kreuzgegenständig an den fleischigen, kantigen Stängeln. Für die Kultur ist weiches, leicht saures Wasser ideal. In mittelhartem Wasser verbessert Kohlendioxiddüngung das Wachstum. Am besten entwickeln sich die Pflanzen in eingefahrenen Aquarien mit nährstoffreichem Bodengrund. Wenn Kognakpflanzen unter Lichtmangel leiden, verfärben sich die unteren Blätter schwarz und werden abgestoßen.

Die Zierliche Kognakpflanze (*A. gracilis*) aus Westafrika ist die pflegeleichteste und wüchsigste Art in Kultur. Bei guter Be-

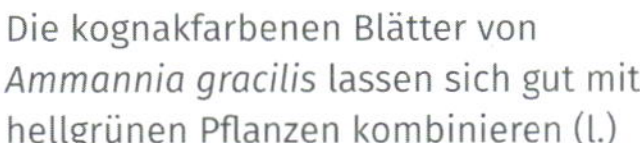

Die kognakfarbenen Blätter von *Ammannia gracilis* lassen sich gut mit hellgrünen Pflanzen kombinieren (l.)

Ammannia crassicaulis bevorzugt leicht saures, weiches Wasser und braucht viel Licht (r.)

leuchtung und guter Nährstoffversorgung sind die Blätter kräftig orangerot gefärbt. Für die Vermehrung sollten die Stecklinge nicht kürzer als 15 Zentimeter sein, damit sie gut anwachsen. Verwurzelte Triebe wachsen bis zu zehn Zentimeter in der Woche, weshalb sich die Zierliche Kognakpflanze vor allem für lockere Pflanzengruppen im hinteren Mittelgrund eignet. Die Kleine Kognakpflanze (*A. senegalensis*) ist in Afrika weit verbreitet, aber nur selten in Kultur. Ihre Blätter sind schmaler als die der Zierlichen Kognakpflanze. Die Dickstängelige Nesaea (*A. crassicaulis*) stammt ebenfalls aus dem tropischen Afrika. Sie hat im Aquarium hellgrüne bis gelblichgrüne Blätter, die an den Triebspitzen rosa bis rötlich überlaufen sind. Sie benötigt viel bis sehr viel Licht und einen freien, unbeschatteten Standplatz. Das Wasser sollte möglichst nitratarm sein. Bereits ab Nitratwerten von 10 mg/l können bei dieser Art Verkrüppelungen und Nekrosen auftreten.

Blüten von *Ammannia gracilis*

Blüten von *Ammannia senegalensis* am Naturstandort in Gambia

Ammannia senegalensis aus Gambia im Aquarium

22 – 28 °C

2 – 15 °KH

pH 6 – 8

Anubias

Speerblätter

Die Speerblätter wachsen in Westafrika als Rheophyten am Rand von Gewässern. Sie haben zähe, langlebige Blätter und wachsen im Vergleich zu anderen Aquarienpflanzen langsam. Darum ist es notwendig, die Blätter vor Veralgung und Beschädigungen zu schützen und so möglichst lange zu erhalten. Speerblätter haben einen geringen Lichtbedarf. Ihre Vermehrung erfolgt über die Teilung der Rhizome.

Barters Speerblatt (*A. barteri*) ist eine robuste Aufsitzerpflanze, die sich gleich gut für Aquarien mit weichem und hartem Wasser eignet. Es sind verschiedene Unterarten in Kultur. Die Stammform *Anubias barteri* var. *barteri* kann im Aquarium

Anubias-Arten im natürlichen Größenverhältnis zueinander

eine Wuchshöhe von bis zu 40 Zentimetern erreichen. Meistens bleiben die Pflanzen jedoch kleiner. Die Blattstiele wachsen aufrecht und sind länger als die herzförmigen Blattspreiten. Dadurch hat dieses Speerblatt einen lockeren Wuchs. Das Kaffeeblättrige Speerblatt (*A. barteri* var. *coffeifolia*) wächst kompakter. Bei dieser Form sind die Stiele der jungen Blätter und das Herzblatt rötlich braun. Die ovalen Blattspreiten sind auffällig gerippt. Das Kahle Speerblatt (*A. barteri* var. *glabra*) kann im Aquarium auch in das Substrat gepflanzt werden. Die jungen Blätter sind bräunlich und werden später dunkelgrün. Die Pflanzen wachsen im Aquarium langsam und werden etwa 15 bis 20 Zentimeter hoch. Das Schmalblättrige Speerblatt (*A. barteri* var. *angustifolia*) wird unter Wasser etwa 30 Zentimeter hoch. Seine Blattoberseiten sind dunkelgrün, die Unterseiten hellgrün. Diese Varietät wächst sehr langsam und bildet im Aquarium nur etwa drei bis vier neue Blätter im Jahr. Das Zwergspeerblatt (*A. barteri* var. *nana*) wird in verschiedenen Selektionen angeboten. Die dunkelgrüne Naturform bildet jeden Monat ein bis zwei neue Blätter. Sie ist anspruchslos und wächst gut an beschatteten Plätzen. „Golden Heart", „Golden"

„Coin" „Pinto" „Golden Heart"

„Bonsai" „Paxing" „Pangolino" „Snow White"

Typischer Blütenstand von *Anubias barteri*

oder „Goldblatt“ sind Handelsbezeichnungen für ein Zwergspeerblatt, bei dem die jungen Blätter goldgelb und die alten hellgrün bis gelbgrün sind. Diese Selektion wächst schneller an unbeschatteten Stellen. Bei „Pinto“ sind die Jugendblätter gelblich weiß mit hellgrünen Adern. Ältere Blätter sind dunkelgrün und weiß marmoriert. „Round Leaf“ und „Coin“ sind die Bezeichnungen für eine dunkelgrüne Form mit sehr kompaktem Wuchs und stark verzweigtem Rhizom. Ihre unsymmetrischen Blattspreiten sind rundlich mit stumpfer Spitze. „Bonsai“ oder „Petite“ galt lange als die kleinste Nana-Form. Bei dieser Selektion sind die eiförmigen Blätter maximal 2,5 Zentimeter lang und 1,5 Zentimeter breit. Die Pflanze wird nur 3 bis 5 Zentimeter hoch. Noch kleinere und schmalere Blätter hat „Paxing“. Die kleinste heute bekannte Form vom Zwergspeerblatt wird als „Pangolino“ bezeichnet. Ihre Blätter werden nur etwa einen Zentimeter lang und 2 bis 3 Millimeter breit. In der In-vitro-Kultur wurde außerdem ein rein weißes Zwergspeerblatt selektiert, das als „Snow White“, „Mini White Pearl“, „Snow King“ oder „White Ghost“ im Handel ist. Diese Form kann

Anubias barteri var. *barteri* bildet auch unter Wasser gelegentlich Blütenstände

im Aquarium nur überleben, falls es ihr gelingt, Chlorophyll zu bilden und Fotosynthese zu betreiben.

Das Afzel-Speerblatt (*A. afzelii*) ist die größte Speerblattart. Für die Aquarienkultur werden meistens Pflanzen angeboten, die aus der In-vitro-Kultur stammen. Seltener sind 20 bis 30 Zentimeter hohe, importierte Jungpflanzen erhältlich. Manchmal wird dieses Speerblatt unter der alten Handelsbezeichnung „*A. congensis*“ angeboten. Afzels Speerblatt wächst im Aquarium langsam und bildet nur etwa drei bis vier neue Blätter im Jahr. Wegen der harten, ungenießbaren Blätter und ihrer Größe werden die Pflanzen häufig zur Begrünung von Tanganjika- und Malawi-Becken genutzt.

Anubias barteri var. *nana* „Pangolino“ ist das kleinste bekannte Speerblatt (o.)

Für Aquascaping und Nano-Aquarien sind kleinblättrige Arten wie das Zwergspeerblatt „Paxing“ besonders gut geeignet (u.)

20 – 28 °C

2 – 15 °KH

pH 5,5 – 7,5

Aponogeton

Wasserähren

Die Wasserährengewächse kommen in Afrika, Asien und Australien vor und sind echte Wasserpflanzen mit Knollen oder Rhizomen als Überdauerungsorgan. Sie sind an wechselnde Wasserstände in temporären Gewässern angepasst und können Trockenzeiten überdauern. Den saisonalen Lebensrhythmus aus Wachstums- und Ruhephasen behalten sie im Aquarium bei. Nach dem Einsetzen der Knollen bilden sich schnell viele neue Blätter und Wurzeln. In der Vegetationsphase dürfen die Pflanzen auf keinen Fall umgepflanzt werden. Sie nehmen jetzt Nährstoffe aus dem Boden auf, bilden aber kaum noch neue Wurzeln. Mit den neu gewonnenen Nährstoffen und der Energie aus der Fotosynthese bilden die Wasserähren weitere Blätter und bauen eine neue, stärkehaltige Knolle als Energiespeicher auf. Der alte Knollenteil wird völlig aufgezehrt. Am Ende der Wachstumsphase bildet die Pflanze keine neuen Blätter mehr und die älteren Blätter werden abgestoßen. Bekommen die Pflanzen während der Vegetationsphase nicht genug Makronährstoffe, bildet sich keine ausreichend große Speicherknolle, damit die Pflanzen nach der Ruhephase

Aponogeton madagascariensis (o.)

Verschiedene Blattformen der Wasserähren: Im Vordergrund die Gitterpflanze *A. madagascariensis*, links dahinter *A. longiplumulosus*. Im Hintergrund links *A. boivinianus* und rechts *A. ulvaceus* (l.)

Aponogeton crispus „Rot“

Aponogeton ulvaceus hat stark gewellte, hellgrüne Blätter

wieder austreiben können. Eine gute Kaliumversorgung verlängert die Haltbarkeit der Blätter von einigen Wochen auf mehrere Monate. Gut versorgte Pflanzen können während der gesamten Ruhezeit im Aquarium belaubt sein, bilden aber in der Zeit keine neuen Blätter. Sterben die Blätter schneller ab, ziehen die Pflanzen das Laub ganz ein. Gepflegte Wasserähren können im Aquarium blühen, ihre Blütenstände wachsen dann an langen flutenden Stielen zur Wasseroberfläche. Je nach Art bestehen sie aus einer oder zwei Ähren, gelegentlich werden sogar drei oder mehr Äste gebildet. Die meisten Arten sind nicht selbstfruchtbar und setzen im Aquarium keine Früchte an. Die Kultur von Wasserähren ist anspruchsvoll und setzt nahrhaften Boden und stabile Wasserwerte voraus. Fäulnis im Boden schädigt die ruhenden Knollen.

Die pflegeleichteste Art ist die Lebendgebärende Wasserähre (*A. undulatus*) von Sri Lanka. Sie bildet Adventivpflanzen an verzweigten Stiele des Blütenstands, aber nur sehr selten Blüten. Die kleinen Knollen sind rundlich und haben eine dünne, hellbraune Haut. Charakteristisch ist die Musterung der Blätter mit hellgrünen, transparenten, eckigen Feldern.

Die Krause Wasserähre (*A. crispus*) stammt aus Südindien. Ihre knolligen Rhizome sind dicht mit filzigen Haaren

Durch die breiten, bullösen Blätter ist *A. boivinianus* eine besonders auffällige Aquarienpflanze

bedeckt. Die Blätter sind schmal lanzettlich bis linealisch und am Rand gewellt. Es sind Farbformen mit grünen und roten Blättern. Diese Wasserähre wächst im Aquarium ausdauernd, ohne eine Ruhephase einzulegen. Gut versorgte Exemplare blühen regelmäßig mit einzelnen weißen Ähren und bilden auch Früchte und Samen im Aquarium. Die dem Meersalat ähnliche Wasserähre *(A. ulvaceus)* ist auf Madagaskar heimisch. Sie hat lange, hellgrüne, transparente Blätter, die in sich stark gedreht sind. Die Knolle ist rundlich und hat eine zähe, raue, braune Schale. Um den Vegetationspunkt herum befinden sich zahlreiche starre, harte Borsten. Die Blüten am zweiährigen Blütenstand sind weiß, rosa oder gelb. Boivins Wasserähre (*A. boivinianus*) stammt ebenfalls von Madagaskar. Die Knolle ist flach-rund, glatt und hellbraun. Die breiten grünen Blätter sind stark gebuckelt und genoppt. Eine weitere madagassische Wasserähre ist *A. longiplumulosus*. Diese Art hat bandförmige Blätter mit stark gewellten Blatträndern und ähnelt im Wuchs der Flutenden Hakenlilie (*Crinum natans*). Besonders begehrt, aber auch sehr schwer dauerhaft zu kultivieren ist die Gitterpflanze (*A. madagascariensis*). Sie ist mit ihren gitterartigen Blättern eine ganz besonders dekorative Aquarienpflanze. Während der Entwicklung der Blätter baut sie das Gewebe der Interkostalen ab, sodass nur das Gitternetz der Blattadern erhalten ist. Diese Art kommt auf Madagaskar im Tiefland und auch in Gebirgsbächen vor. Je nach

Blütenstand von
Aponogeton longiplumulosus

Typisch für *A. undulatus* ist das Muster aus hellen und dunklen, mehr oder weniger transparenten Rechtecken in den Blättern (o.)

Die Adventivpflanzen der Wasserähre lösen sich von allein und sinken auf den Grund (r.)

Herkunft brauchen sie weiches, leicht saures Wasser, andere wachsen auch in mittelhartem Wasser gut. Abhängig von ihrer Abstammung haben die Pflanzen unterschiedliche Ansprüche. Formen aus dem Gebirge bevorzugen kühles Wasser mit 18 bis 22 °C. Die aus dem Tiefland wachsen am besten bei Temperaturen zwischen 20 und 24 °C. Weil die Herkunft der Knollen meistens nicht bekannt ist, sollten Gitterpflanzen am besten bei Temperaturen zwischen 20 und 22 °C kultiviert werden. Es werden zwei Unterarten unterschieden. *A. madagascariensis* var. *madagascariensis* hat ovale bis lanzettliche Blattspreiten, die bis 50 Zentimeter lang und 15 Zentimeter breit werden können. Bei *A. madagascariensis* var. *henkelianus* sind die Blattspreiten linealisch und schmaler.

A. crispus bildet auch im Aquarium große Früchte und keimfähige Samen

10 – 35 °C

2 – 12 °KH

pH 5,5 – 7,5

Bacopa

Fettblätter

Die Arten der Gattung *Bacopa* sind in den Tropen und Subtropen Amerikas, Afrikas, Asiens und Australiens beheimatet. Sie werden als Fettblätter bezeichnet, weil ihre fleischigen Überwasserblätter eine glänzende Wachsschicht haben. Die Blätter sind ungestielt und sitzen kreuzgegenständig an den Stängeln. Vermehrung erfolgt über Stecklinge, die mindestens zehn Zentimeter lang sein sollten.

Das Südliche Fettblatt (*B. australis*) stammt aus Südbrasilien. Es verträgt niedrige Temperaturen bis etwa 10 °C, für die Kultur im Aquarium sind 20 bis 26 °C ideal. Die feinen Stängel sind gut verzweigt, haben aber lange Internodien. Dadurch kommen die hellgrünen Pflanzen mit ihren zarten rundlichen Blättern am besten in dichten Gruppen im Mittelgrund zur Geltung. Das Große Fettblatt (*B. caroliniana*) ist im subtropischen Süden der USA weit verbreitet. Es ist anpassungsfähig und schnellwachsend und eignet sich gut für die Neueinrichtung von Aquarien und zur Wasserreinigung. Die Blätter sind olivgrün bis bräunlich. Das Kleine Fettblatt (*B. monnieri*) ist in den Tropen und Subtropen von Nord- und Südamerika, Afrika und Asien weit verbreitet. Die grünen Blätter sind verkehrt eiförmig, an der rundlichen Spitze am breitesten und zum Stängel hin schmaler. Diese Art wächst langsamer als die beiden anderen und neigt dazu, bei Lichtmangel lange Internodien zu bilden.

Blüte von *B. caroliniana* (o.)

Bacopa australis, Bacopa caroliniana und *Bacopa monnieri* (l.)

Darum ist der ideale Standplatz im Aquarium eine gut belichtete Stelle im vorderen Mittelgrund. Die Pflanzen sind salztolerant und eignen sich auch für Brackwasseraquarien.

In der Ayurvedischen Medizin ist das Kleine Fettblatt als Brahmi bekannt. Seine Inhaltstoffe sollen die Leistungsfähigkeit des Gehirns steigern und gegen Stress und Depressionen wirken.

Blüte von *B. australis*

Bacopa caroliniana

Bacopa australis im Aquarium (l.)

Kleines Fettblatt (*Bacopa monnieri*) im Aquarium (r.)

24 – 30 °C

4 – 12 °KH

pH 6 – 7

Barclaya

Barclaya ist eine kleine Gattung von Seerosengewächsen, die endemisch in Südostasien und Neuguinea vorkommen. Sie besiedeln fließende und stehende Gewässer in Regenwäldern. Dort wachsen sie auf sandigem oder schlammigem Grund in mineral- und kalkarmem, saurem Wasser. Von der Langblättrigen Barclaya (*B. longifolia*) sind zwei Farbformen in Kultur. Bei der einen sind die Blätter olivgrün und haben eine rosafarbene Unterseite, bei der anderen ist die Blattoberseite weinrot. Sie ist eine sehr dekorative, aber anspruchsvolle Solitärpflanze, die weiches, saures Wasser mit viel freiem CO_2 und einen nährstoffreichen Bodengrund benötigt. Unter günstigen Bedingungen bildet dieses Seerosengewächs Blüten, aus denen sich ohne Bestäubung Samen entwickeln.

Barclaya longifolia hat ein knolliges Rhizom

Barclaya-Blüte

Rote Form von *Barclaya longifolia*

Blyxa

Fadenkraut

24 – 28 °C

4 – 8 °KH

pH 6,4 – 6,8

Blyxa-Arten sind echte Wasserpflanzen. Sie gehören zur Familie der Froschbissgewächse und sind mit Vallisnerien und Wasserpest verwandt. Anders als diese Allrounder wachsen sie aber nicht so unproblematisch im Aquarium. Unter ungünstigen Bedingungen zerfallen die Pflanzen schnell.

Blyxa benötigen sauberes, sehr weiches Wasser, viel bis sehr viel Licht, einen nährstoffreichen Bodengrund und viel freies CO_2. Die besten Kulturerfolge lassen sich in Osmosewasser auf gedüngten Soils erzielen.

Auberts Fadenkraut (*B. aubertii*) bildet bis zu 60 Zentimeter lange Blätter in dichten Rosetten. Die Färbung ist abhängig vom Licht und Nährstoffangebot und variiert von hellgrün über olivgrün bis bronzefarben. Sein natürliches Verbreitungsgebiet sind die Tropen Asiens und Australiens. Das Japanische Fadenkraut (*B. japonica*) stammt aus den Tropen und Subtropen Asiens. Es wird nur 10 bis 15 Zentimeter hoch.

Blyxa aubertii

Blyxa-Blüten

Blyxa japonica (l.)

22 – 28 °C

5 – 12 °KH

pH 5,8 – 7,0

Bolbitis

Wasserfarne

Bolbitis ist eine Gattung mit etwa 60 tropischen Arten aus der Familie der Wurmfarne. In der Aquaristik sind nur zwei davon bekannt. Sie werden als Aufsitzer verwendet und gehören zu den langsam wachsenden Aquarienpflanzen. Der afrikanische Kongo-Wasserfarn (*B. heudelottii*) wächst in der Natur als Rheophyt und auch völlig untergetaucht. Im Aquarium gedeiht er am besten in weichem, leicht saurem und bewegtem Wasser. Der Lichtbedarf ist niedrig, aber ein freier Standplatz ist von Vorteil, weil sich die Wedel besser entwickeln, wenn sie genug Platz haben. Die Vermehrung kann durch Teilung der kriechenden Rhizome erfolgen. Die Teilstücke sollten mindestens fünf Blätter haben. Am schnellsten wachsen Stücke von der jungen Rhizomspitze an.

Bolbitis heudelottii

Der Geschwänzte Wasserfarn (*B. heteroclita*) ist weit in Asien verbreitet. Es werden verschiedene Formen im Aquarium kultiviert, die sehr unterschiedlich aussehen. Die Stammform eignet sich nicht für die Aquaristik. Unter den Bezeichnungen „Cuspidata“ und „Difformis“ sind aber zwei Formen im Handel, die wie der Kongo-Wasserfarn in saurem, weichem Wasser kultiviert werden können.

Bolbitis heudelottii auf Holz

Blyxa

Fadenkraut

24 – 28 °C

4 – 8 °KH

pH 6,4 – 6,8

Blyxa-Arten sind echte Wasserpflanzen. Sie gehören zur Familie der Froschbissgewächse und sind mit Vallisnerien und Wasserpest verwandt. Anders als diese Allrounder wachsen sie aber nicht so unproblematisch im Aquarium. Unter ungünstigen Bedingungen zerfallen die Pflanzen schnell.

Blyxa benötigen sauberes, sehr weiches Wasser, viel bis sehr viel Licht, einen nährstoffreichen Bodengrund und viel freies CO_2. Die besten Kulturerfolge lassen sich in Osmosewasser auf gedüngten Soils erzielen.

Auberts Fadenkraut (*B. aubertii*) bildet bis zu 60 Zentimeter lange Blätter in dichten Rosetten. Die Färbung ist abhängig vom Licht und Nährstoffangebot und variiert von hellgrün über olivgrün bis bronzefarben. Sein natürliches Verbreitungsgebiet sind die Tropen Asiens und Australiens. Das Japanische Fadenkraut (*B. japonica*) stammt aus den Tropen und Subtropen Asiens. Es wird nur 10 bis 15 Zentimeter hoch.

Blyxa aubertii

Blyxa-Blüten

Blyxa japonica (l.)

22 – 28 °C

5 – 12 °KH

pH 5,8 – 7,0

Bolbitis

Wasserfarne

Bolbitis ist eine Gattung mit etwa 60 tropischen Arten aus der Familie der Wurmfarne. In der Aquaristik sind nur zwei davon bekannt. Sie werden als Aufsitzer verwendet und gehören zu den langsam wachsenden Aquarienpflanzen. Der afrikanische Kongo-Wasserfarn (*B. heudelottii*) wächst in der Natur als Rheophyt und auch völlig untergetaucht. Im Aquarium gedeiht er am besten in weichem, leicht saurem und bewegtem Wasser. Der Lichtbedarf ist niedrig, aber ein freier Standplatz ist von Vorteil, weil sich die Wedel besser entwickeln, wenn sie genug Platz haben. Die Vermehrung kann durch Teilung der kriechenden Rhizome erfolgen. Die Teilstücke sollten mindestens fünf Blätter haben. Am schnellsten wachsen Stücke von der jungen Rhizomspitze an.

Bolbitis heudelottii

Der Geschwänzte Wasserfarn (*B. heteroclita*) ist weit in Asien verbreitet. Es werden verschiedene Formen im Aquarium kultiviert, die sehr unterschiedlich aussehen. Die Stammform eignet sich nicht für die Aquaristik. Unter den Bezeichnungen „Cuspidata“ und „Difformis“ sind aber zwei Formen im Handel, die wie der Kongo-Wasserfarn in saurem, weichem Wasser kultiviert werden können.

Bolbitis heudelottii auf Holz

Bolbitis heteroclita „Cuspidata“ (o.)

Bolbitis heudelottii im Aquarium (u.)

22 – 26 °C

5 – 10 °KH

pH 5 – 7

Bucephalandra

Bucephalandra ist eine Gattung aus der Familie der Aronstabgewächse. Die Pflanzen kommen nur auf Borneo vor und leben dort als Rheophyten im Spritzwasser- und Überflutungsbereich von schnell fließenden Flüssen an Wasserfällen und Stromschnellen. Es sind bisher rund 30 Arten anhand ihrer Blütenmerkmale beschrieben worden. Sie sind in ihrer Größe, Blattform und Färbung so variabel, dass mehr als 200 Handelsbezeichnungen für die verschiedenen Fundortvarianten verwendet werden. Eine Artzugehörigkeit ist nur bei den wenigsten Formen bekannt.

Bucephalandra benötigen stabile Wasserwerte in einem eingefahrenen Aquarium. Beim Einsetzen in ein neues Aquarium oder durch starke Schwankungen in den Wasserwerten, kann es vorkommen, dass die Pflanzen die Blätter abwerfen. Dann dauert es einige Wochen, bis sich neue Blätter entwickeln.

Bucephalandra mit verschiedenen Blattformen und Blattfarben

Für die Kultur reicht eine mittlere Beleuchtungsstärke aus. Auch eine CO_2-Düngung ist nicht unbedingt notwendig. Unter starker Beleuchtung mit 10 bis 25 mg CO_2 pro Liter wachsen die Pflanzen aber schneller, verzweigen sich stärker und bleiben kompakter. Außerdem werden die Farben intensiver und Kräuselungen der Blätter stärker. Sie blühen im Aquarium häufig unter Wasser.

Als besonders pflegeleicht und schnell wachsend gilt *B. pygmaea* „Wavy Green“, die auch als „Green Velvet“ oder „Bukit Kelam/Sintang“ im Handel ist. Diese Form ist bereits seit 2011 in der Aquaristik bekannt. Fundortvarianten mit den Handelsbezeichnungen „Titan“ und „Melawi“ wurden als Formen von *B. sordidula* bestimmt. Eine genaue Unterscheidung der verschiedenen *Bucephalandra* und ihrer Lebensansprüche ist nicht möglich. Zum einen werden die einzelnen Formen unter verschiedenen Namen und zum anderen unter den gleichen Namen auch verschiedene Pflanzen angeboten.

Bucephalandra mit Blütenstand
Foto: B. Wallach

Bucephalandra pygmaea „Wavy Green“

20 – 26 °C

2 – 8 °KH

pH 6 – 6,8

Cabomba

Haarnixen

Die Haarnixen bilden feingefiederte Unterwasserblätter, die kreuzgegenständig am Stängel stehen. Wenn sie die Wasseroberfläche erreichen, bilden sie Schwimmblätter und Blüten. Es sind echte Wasserpflanzen, aber wegen ihres sehr hohen Lichtbedarfs nur sehr schwer dauerhaft im Aquarium zu pflegen. Bei Lichtmangel zerfallen die feinen Triebe schnell. Die Pflanzen brauchen außerdem nährstoffarmes und sauberes Wasser. Mulm an der Stängelbasis und auf den Blättern fördert Fäulnis. Am besten war die Carolina-Haarnixe (*C. caroliniana*) für die Aquarienkultur geeignet. Diese subtropische Art ist anpassungsfähiger als die anderen bekannten Arten, trotzdem gelang eine dauerhafte Aquarienkultur kaum. Seit 2016 steht sie auf der schwarzen Liste der invasiven Arten, die nicht mehr in der EU weitergegeben werden dürfen. An ihre Stelle trat die Wasser-Haarnixe (*C. aquatica*). Ihre Blätter sind in 200 oder mehr haarfeine Segmente aufgeteilt. Die gelben Blüten werden von ovalen Schwimmblättern getragen. Diese Art benötigt sehr viel Licht und sauberes Wasser. Besonders schön ist die Gegabelte Haarnixe (*C. furcata*). Damit sie ihre charakteristische violett-rote Färbung zeigt, benötigt auch sie sehr viel Licht. Sie gedeiht nur in salzarmem, sehr weichem, saurem Wasser. Schwankungen in den Wasserwerten verträgt sie nicht.

Cabomba caroliniana ist leicht an den reingrünen Unterwasserblättern, den schmalen Schwimmblättern und den weißen Blüten zu erkennen (o.)

Cabomba-Arten haben jeweils nur zwei Blätter an jedem Stängelknoten. Daran lassen sie sich leicht von den sehr viel pflegeleichteren *Limnophila*-Arten unterscheiden (u.)

Cabomba aquatica ist eine schöne, aber auch extrem schwer zu haltende Aquarienpflanze (l.)

Die ovalen Schwimmblätter und die gelben Blüten sind typisch für *Cabomba aquatica* (u.)

Diese *Cabomba furcata* hat einen besonders hohen Lichtbedarf

15 – 30 °C

5 – 18 °KH

pH 6 – 8

Ceratophyllum

Hornblatt

Das Raue Hornblatt (*C. demersum*) und das Zarte Hornblatt (*C. submersum*) sind unter der Wasseroberfläche flutende Stängelpflanzen. Ihre Triebe sind mehr oder weniger stark verzweigt. Die flutenden Pflanzenpolster sind gut als Anker für Schaumnester geeignet und dienen Jungfischen und Garnelen als Versteck. Die beiden Arten können anhand ihrer Blätter unterschieden werden. Beim Rauen Hornblatt sind sie nur ein- bis zweimal gabelig geteilt und bilden zwei bis vier Segmente. Beim Zarten Hornblatt sind es mehr. In der Kultur sind beide Arten anspruchslos. Es gibt jedoch verschiedene Herkünfte und nicht immer gewöhnen sich die Pflanzen im Aquarium ein.

Blüten und Frucht von *Ceratophyllum*

Ceratophyllum demersum (o.)

Ceratophyllum submersum (u.)

Ceratophyllum submersum (links) und *Ceratophyllum demersum* (rechts)

Ceratopteris

Hornfarn

22 – 30 °C

4 – 13 °KH

pH 6,5 – 7,5

Die Hornfarne haben zarte, brüchige Blattrosetten. Sie wachsen sehr schnell und vermehren sich durch eine reichliche Adventivpflanzenbildung stark. Die bekannteste Art ist der Gehörnte Hornfarn (*C. cornuta*). Die Pflanzen können im Substrat eingepflanzt werden, lösen sich aber oft wieder und fluten dann unter der Wasseroberfläche. Ihre Blätter sind in gebuchtete Blattfiedern geteilt. Der Sumatrafarn (*C. thalictroides*) hat feinere Blätter, die mehrmals gefiedert sind. Er wächst dauerhaft im Grund verwurzelt und kann 30 bis 40 Zentimeter hoch werden. Der Schwimmende Hornfarn (*C. pteridoides*) wächst als Schwimmpflanze auf dem Wasser oder bei niedrigem Wasserstand im Schlamm wurzelnd als Sumpfpflanze. Er hat dicke Blattstiele, die als Schwimmkörper dienen und breite Fiederblätter, an deren Rändern sich ständig neue Adventivpflanzen bilden. Zur Bildung von Sporen bilden die Farne an der Luft fertile Wedel, die sehr schmale, nach unten eingerollte Blattfiedern haben, an deren Unterseite Sporenbehälter sitzen.

22 – 30 °C

4 – 9 °KH

pH 5,5 – 7,5

Crinum

Hakenlilien

Crinum calamistratum

Hakenlilien sind Zwiebelpflanzen, die mit den Narzissen verwandt sind. Sie vermehren sich durch die Bildung von Tochterzwiebeln. In der Aquaristik finden drei Arten Verwendung, die bis zu zwei Meter lange Blätter bilden. Sie sind vor allem für Aquarien ab 70 Zentimeter Beckenhöhe zu empfehlen. Die robusten Gewächse eigenen sich gut für Aquarien mit ostafrikanischen Cichliden. Die Dauerwellen-Hakenlilie (*C. calamistratum*) aus Kamerun hat sehr schmale, bandförmige Blätter mit stark gekrausten Rändern. Bei der Flutenden Hakenlilie (*C. natans*) sind die Blätter zwei bis fünf Zentimeter breit und am Rand gewellt. Sie ist in Westafrika weit verbreitet. Die Blätter der Thailändischen Hakenlilie (*C. thaianum*) sind glatt und erinnern an die von Riesenvallisnerien.

Die Thailändische Hakenlilie (*Crinum thaianum*) hat glatte, bandförmige Blätter

Die Dauerwellen-Hakenlilie *(Crinum calamistratum)* kann sehr groß werden

22 – 30 °C

3 – 18 °KH

pH 6 – 7,5

Cryptocoryne

Wasserkelche

Wasserkelche sind schöne und vielfältige Aquarienpflanzen. Es gibt kleine Arten, die sich hervorragend für den Vordergrund oder Nano-Aquarien eignen und große Arten mit bis zu 1,20 Meter Blattlänge. Die Pflanzen benötigen wenig Pflege, brauchen aber für ihre Entwicklung länger als andere Aquarienpflanzen. Damit sie gut anwachsen, sollten Wasserkelche bevorzugt in bereits eingefahrene Aquarien eingesetzt werden. Schwankende Wasserwerte oder umgepflanzt zu werden, mögen Cryptocorynen nicht. Dafür brauchen sie nur wenig Licht und kommen gut ohne eine CO_2-Düngung aus.

Besonders pflegeleicht und vielseitig ist Wendts Wasserkelch (*C. wendtii*).

Typisch für den Blütenstand von *Cryptocoryne wendtii* ist der fast schwarze Schlundring

Cryptocoryne wendtii „Braun“

Blätter verschiedener Formen von Wendts Wasserkelch

Es ist typisch für *Cryptocoryne beckettii*, dass sich die Blätter nach unten einrollen.

„Petchi" ist eine triploide Form von *Cryptocoryne beckettii*

Es gibt unterschiedliche Selektionen mit verschiedenen Farben, Blattgrößen und Wuchshöhen zwischen 10 und 30 Zentimetern. Dieser Wasserkelch wächst sehr gut in weichem bis mittelhartem Wasser und hat einen geringen Lichtbedarf. Ebenso anspruchslos ist Becketts Wasserkelch (*C. beckettii*). Diese Pflanze wird etwa 20 Zentimeter hoch. Im Handel sind eine Form mit normalem, doppeltem Chromosomensatz und die Form „Petchi", die einen dreifachen (triploiden) Chromosomensatz hat. Bei der Norminatform rollen sich

Cryptocoryne aponogetifolia und *C. usteriana* werden sehr groß und kommen nur in hohen Aquarien gut zur Geltung

Die Farbe der Spathaspreite von *Cryptocoryne undulata* variiert von grünlich über gelb bis zu orange-braun. Der Schlund ist immer heller gefärbt

die Blattränder der Blätter nach unten ein, bei „Petchi“ nicht. Beim Gewellten Wasserkelch (*C. undulata*) variiert die Farbe der Blätter im Aquarium von hellgrün bis rot-braun. Oft sind die Mittelader und die Seitenadern rötlich gesäumt, sodass eine federartige Zeichnung entsteht. Von Walkers Wasserkelch (*C. walkeri*) sind drei Formen im Handel, die als „Walkeri“, „Lutea“ und „Legroi“ bekannt sind. Diese vier Arten stammen alle von Sri Lanka. Im Aquarium sind sie nur schwer zu unterscheiden, weil Blattlänge und Färbung stark von den Umweltbedingungen beeinflusst werden. Sie haben aber die gleichen Pflegeansprüche und sind alle empfehlenswerte pflegeleichte Aquarienpflanzen.

Der Pontederiablättrige Wasserkelch (*C. pontederiifolia*) stammt von Sumatra. Er hat grüne Blätter mit herzförmiger Basis. Teilweise sind die Blattunterseiten rötlich überlaufen. Dieser Wasserkelch wird oft in Diskusaquarien verwendet, weil er auch in hohen Aquarien nicht unter Lichtmangel leidet. Das weiche Was-

Cryptocoryne undulata zeigt im Aquarium oft eine federartige Zeichnung auf den Blättern (o.)

Cryptocoryne walkeri var. legroi hat kupferfarbene Blätter (M.)

Grüne Form von *Cryptocoryne walkeri* mit Blütenstand (u.)

Cryptocoryne pontederiifolia im Aquarium (o.)

Der Blütenstand von *C. usteriana* kann bis zu 40 Zentimeter lang werden und schiebt sich aus dem Wasser heraus (r.)

ser und die vergleichsweise hohen Temperaturen schaden ihm nicht.

Der Hammerschlag-Wasserkelch (*C. aponogetifolia*) und der Riesen-Wasserkelch (*C. usteriana*) von den Philippinen wachsen dagegen besser in mittelhartem bis hartem Wasser. Sie werden oft in Aquarien mit Ostafrika-Cichliden verwendet, weil sie ungenießbar sind und von den Fischen nicht angefressen werden. Beide Arten haben lange Blattstiele und können über 120 Zentimeter hoch werden. Die bis zu 80 Zentimeter langen Blattspreiten sind stark gebuckelt.

Auch der Grasblättrige Wasserkelch (*C. crispatula*) wächst bevorzugt in mittelhartem bis hartem Wasser. Von dieser variablen Art sind inzwischen neun Unterarten beschrieben worden. Sie alle haben

Blütenstand von *Cryptocoryne pontederiifolia*

Cryptocoryne crispatula var. *crispatula* hat unter Wasser stark gewellte, grüne Blätter (o. l.)

Cryptocoryne willisii (o. r.)

Cryptocoryne x *willisii* „Nevillii" hat etwas breitere Blätter (M. l.)

Bei *Cryptocoryne* x *willisii* „Lucens" können die Blätter einen violetten Schimmer bekommen (M. r.)

Cryptocoryne crispatula var. *balansae* hat breitere Blätter als die anderen Formen des Grasblättrigen Wasserkelchs (u. l.)

Blütenstand des Zwergwasserkelchs

Cryptocoryne parva benötigt einen hellen Standplatz

schmale, linealische Unterwasserblätter, die mehr oder weniger stark gewellt oder gebuckelt sind. Der Weißliche Wasserkelch (*C. crispatula* var. *albida*) wird unter Wasser nur 8 bis 10 Zentimeter hoch und ist am besten im Vordergrund des Aquariums aufgehoben. Die Pflanzen wachsen langsam und bilden erst nach mehreren Monaten die ersten Ausläufer. Für die Anlage eines dichten grünen Rasens eignet sich dieser Wasserkelch darum kaum. *C. crispatula* var. *crispatula* und *C. crispatula* var. *balansae* werden dagegen über 50 Zentimeter hoch und sind eine gute Wahl für den Hintergrund und die Seiten.

Der Zwergwasserkelch (*C. parva*) gehört zu den sehr lichtbedürftigen Aquarienpflanzen. Er wird nur 3 bis 5 Zentimeter hoch und braucht einen hellen, unbeschatteten Standort auf nährstoffreichem Substrat im Vordergrund.

Weiches Wasser ist für die Kultur von Vorteil. In mittelhartem Wasser ist die

Unterwasserform von *Cryptocoryne crispatula* var. *albida*

Pflanze für eine Kohlendioxiddüngung dankbar. In seiner Heimat Sri Lanka bildet dieser Wasserkelch Naturhybriden mit anderen Wasserkelchen. Die Hybriden mit *C. beckettii* und *C. walkeri* werden als Formen von Willis Wasserkelch (*C.* x *willisii*) zusammengefasst. Sie haben alle fleischige steife Blattspreiten und sehen aus wie größere Varianten des Zwergwasserkelchs.

22 – 32 °C

2 – 18 °KH

pH 6,5 – 7,5

Echinodorus

Schwertpflanzen

Echinodorus ist eine Gattung von südamerikanischen Froschlöffelgewächsen, die problemlos auch dauerhaft unter Wasser wachsen. Viele Arten neigen aber dazu, sehr lange Blattstiele auszubilden, wodurch sie für die Aquarienkultur unattraktiv sind. Lediglich die Formen von Grisebachs Schwertpflanze (*E. grisebachii*) „Amazonicus“ und „Bleheri“ haben einen festen Platz in der Aquaristik. Sie bilden dichte, rein grüne Blattrosetten, die bis zu 60 Zentimeter hoch werden können. Beide Formen eignen sich als Hintergrundbepflanzung und für Diskus-Aquarien. *Echinodorus* ist die einzige Aquarienpflanzen-Gattung, bei der durch gezielte Kreuzung Sortenzucht betrieben wird. 1985 kam *Echinodorus* „Barthii“ in den Handel. Diese Sorte war mit ihren

In großen Aquarien kommen *Echinodorus* am besten zur Geltung

olivgrünen bis schwarzen Blättern und den hellgrünen Blattrippen die farbenprächtigste Aquarienpflanze dieser Zeit. In den folgenden 20 Jahren wurde in mehreren deutschen Aquarienpflanzengärtnereien gezielt *Echinodorus*-Zucht betrieben mit dem Ziel kompakte, intensiv gefärbte Sorten zu erhalten. Etwa 100 Sorten mit Wuchshöhen zwischen 10 und 70 Zentimetern sind in dieser Zeit entstanden.

Echinodorus sind schnell wachsende Aquarienpflanzen, die unter guten Bedingungen jede Woche ein neues Blatt hervorbringen können. Damit die Pflanzen üppige Blattrosetten ausbilden und kräftige Farben zeigen, ist eine gute Nährstoffversorgung über den Bodengrund wichtig. Nährböden sind in der Einlaufphase des Beckens von

Echinodorus „Aquartica"

Echinodorus grisebachii „Bleheri"

Echinodorus lassen sich leicht vermehren, weil sie Adventivpflanzen bilden

„Deep Purple" gehört zu den großen *Echinodorus*-Sorten

Echinodorus „Ozelot Grün"

Vorteil, liefern aber auf Dauer nicht genug Makronährstoffe. Gedüngte Tonkugeln und Bodengrunddünger in Form von Tabletten oder Kapseln sind eine wichtige Ergänzung für die Nährstoffversorgung aus dem Wasser. Fehlen Nährstoffe, sterben die Blätter früh ab und die Blattrosetten werden immer kleiner. Rote Sorten benötigen viel Licht, um eine intensive Färbung auszubilden, aber die Pflanzen wachsen auch bei mittlerer Beleuchtung problemlos.

Die Vermehrung ist ganz einfach über Adventivpflanzen an den Blütenstandsstielen möglich. Sie werden von gut entwickelten Pflanzen auch im Aquarium gebildet und müssen dazu nicht aus dem Wasser herauswachsen können. Manche Sorten bilden reichlich Jungpflanzen, wenn die Beleuchtung mehr als zwölf Stunden beträgt, andere sind produktiver bei Tageslängen von etwa zehn Stunden.

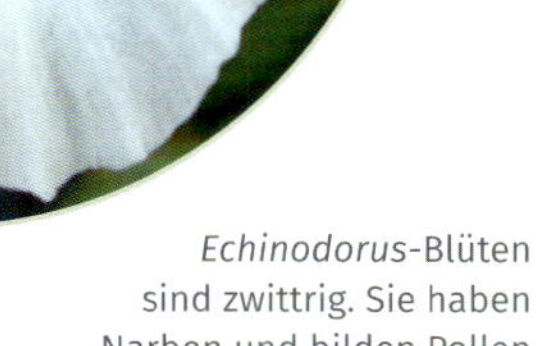

Echinodorus-Blüten sind zwittrig. Sie haben Narben und bilden Pollen

Echinodorus „Reni“

Typisch für *Echinodorus* „Barthii“ sind die dunkelroten, aufgerollten Blattspreiten

10 – 25 °C

8 – 18 °KH

pH 6 – 8

Egeria

Wasserpest

Die Wasserpestarten der Gattung *Egeria* gehören wie die *Elodea*-Arten zu den Froschbissgewächsen und sind echte Wasserpflanzen. Sie sind zweihäusig, d. h. es gibt männliche und weibliche Pflanzen. Die Vermehrung erfolgt hauptsächlich durch Teilung der Sprosse. Zur Überwinterung bildet Wasserpest Winterknospen (Turionen).

Die Kanadische Wasserpest (*E. canadensis*) und Nuttalls Wasserpest (*E. nuttallii*) stammen aus dem nördlichen Nordamerika und eignen sich als Teichpflanzen. Beide gelten als invasive Arten und kommen auch verwildert in Deutschland vor. Für Nut-

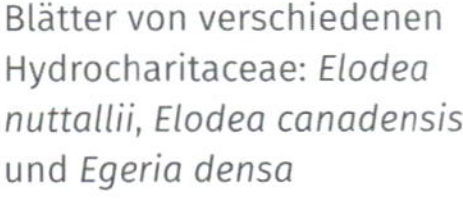

Blätter von verschiedenen Hydrocharitaceae: *Elodea nuttallii, Elodea canadensis* und *Egeria densa*

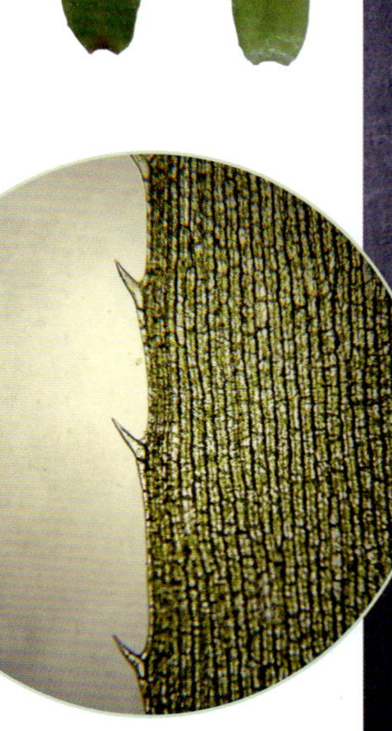

Egeria densa (r.)

Egeria najas

talls Wasserpest gibt es seit 2017 ein EU-weites Handelsverbot. Aquaristisch interessanter sind die südamerikanischen Wasserpestarten. Die Argentinische oder Dichtblättrige Wasserpest (*E. densa*) hat weiche, linealische Blätter. Sie sitzen in drei- bis fünfzähligen Quirlen und haben am Rand feine, einzellige Zähne. Die Blattspreiten sind aufgerichtet und liegen an der Triebspitze dachziegelartig übereinander. Bei der Nixkrautähnlichen Wasserpest (*E. najas*) sind die Blätter etwas schmaler und steifer. Ihre Blattspitzen sind nach hinten gebogen. Die Stängel beider Arten sind spröde und brechen leicht, was die vegetative Vermehrung durch Segmentation erleichtert.

Weibliche und männliche *Egeria*-Blüte

Alle Wasserpestarten sind gut für die Kultur im Aquarium geeignet. Sie wachsen schnell, binden viele Makronährstoffe und sie sind gute Sauerstoffspender. Außerdem werden *Egeria*-Arten nicht von pflanzenfressenden Schnecken wie der Paradiesschnecke (*Marisa cornuarietis*) oder *Pila*-Arten gefressen.

18 – 25 °C

2 – 8 °KH

pH 5,5 – 7

Eleocharis

Simsen

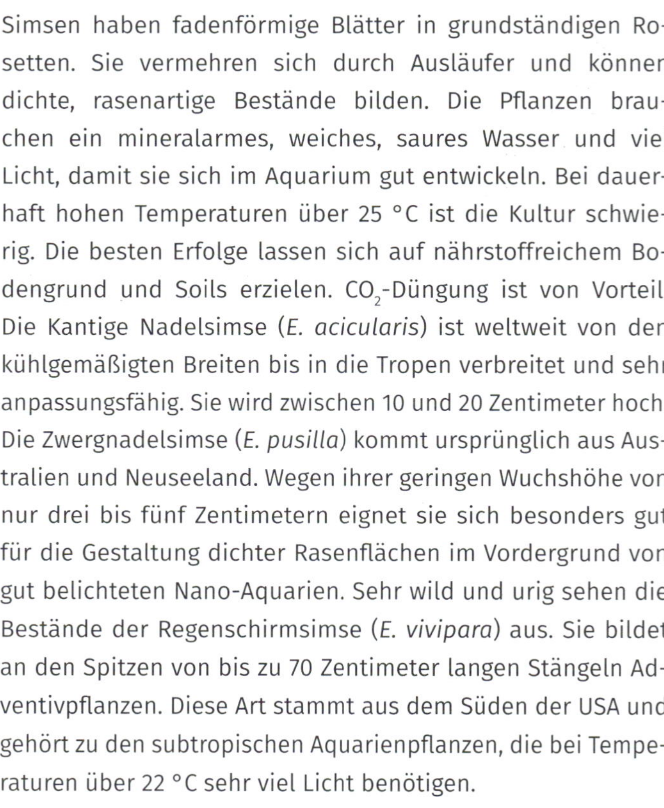

Simsen haben fadenförmige Blätter in grundständigen Rosetten. Sie vermehren sich durch Ausläufer und können dichte, rasenartige Bestände bilden. Die Pflanzen brauchen ein mineralarmes, weiches, saures Wasser und viel Licht, damit sie sich im Aquarium gut entwickeln. Bei dauerhaft hohen Temperaturen über 25 °C ist die Kultur schwierig. Die besten Erfolge lassen sich auf nährstoffreichem Bodengrund und Soils erzielen. CO_2-Düngung ist von Vorteil. Die Kantige Nadelsimse (*E. acicularis*) ist weltweit von den kühlgemäßigten Breiten bis in die Tropen verbreitet und sehr anpassungsfähig. Sie wird zwischen 10 und 20 Zentimeter hoch. Die Zwergnadelsimse (*E. pusilla*) kommt ursprünglich aus Australien und Neuseeland. Wegen ihrer geringen Wuchshöhe von nur drei bis fünf Zentimetern eignet sie sich besonders gut für die Gestaltung dichter Rasenflächen im Vordergrund von gut belichteten Nano-Aquarien. Sehr wild und urig sehen die Bestände der Regenschirmsimse (*E. vivipara*) aus. Sie bildet an den Spitzen von bis zu 70 Zentimeter langen Stängeln Adventivpflanzen. Diese Art stammt aus dem Süden der USA und gehört zu den subtropischen Aquarienpflanzen, die bei Temperaturen über 22 °C sehr viel Licht benötigen.

Eleocharis acicularis wird bis zu 20 Zentimeter hoch (o.)

Eleocharis pusilla als Rasen im Vordergrund (u.)

Die Adventivpflanzen sind bei *Eleocharis vivipara* sehr auffällig (r.)

Fissidens

22 – 26 °C

4 – 8 °KH

pH 5 – 7,5

Spaltzahnmoose

Die Familie der Spaltzahnmoose unterscheidet sich von allen anderen Laubmoosen dadurch, dass ihre Blätter zweizeilig und nicht in drei Reihen an den Trieben sitzen. Dadurch sind die Triebe federartig. Charakteristisch ist auch die Struktur der Blättchen selbst. Sie haben eine deutliche Mittelader, an deren Unterseite eine kräftige Blattrippe ausgebildet ist. Das Besondere ist, dass eine Hälfte der Blattspreite nicht bis zur Spitze des Blattes reicht. Sie endet bereits vorher an der Mittelader, während die Rippe auf der Blattunterseite die Spreitenfläche bis zur Spitze hin ergänzt. Viele *Fissidens*-Arten sind Wassermoose und für die dauerhafte Aquarienkultur geeignet. Das Quell-Spaltzahnmoos oder Phönix-Moos (*F. fontanus*) stammt aus Nordamerika und braucht im Tropenaquarium bei Temperaturen um 25 °C eine mittlere Lichtstärke. Es bildet viele kräftige Rhizoide, mit denen sich die bis zehn Zentimeter langen Triebe an Holz oder Steinen anheften. Das Gekräuselte Spaltzahnmoos (*F. crispulus*) wird auch Zippermoos genannt, weil es mit seinen kurzen zweizeiligen Blättern an einen Reißverschluss erinnert. Die Triebe werden nur etwa drei bis vier Zentimeter lang. Diese Art kann bei mittlerer Lichtstärke in weichem bis mittelhartem Wasser problemlos gepflegt werden.

Fissidens fontanus wächst an Holz und Stein fest

Miskroskopische Aufnahme eines *Fissidens fontanus*-Triebs

Fissidens-Arten wachsen am besten in weichem bis mittelhartem Wasser und mögen CO_2-Düngung

22 – 26 °C

3 – 8 °KH

ph 6,5 – 7,2

Glossostigma

Australisches Zungenblatt

Das Australische Zungenblatt (*G. elatinoides*) ist eine Kriechsprosspflanze für den Vordergrund. Die Pflanzen bevorzugen einen feinen, nährstoffreichen Bodengrund und einen hellen unbeschatteten Standort. Das Einsetzen der feinen Sprosse ist schwierig, weil die Triebe mit den kurzen Wurzeln nur schwer Halt im Substrat finden. Sie treiben immer wieder nach oben. Außerdem wachsen die Pflanzen unter Wasser viel langsamer als in Sumpfkultur. Darum nutzen einige Aquascaper die „Dry-Start-Methode", um schnell zu einem dichten Bestand zu kommen. Dabei wird das Aquarium mit Substrat, Holz und Steinen eingerichtet und bepflanzt. Dann wird alles gut angefeuchtet und mit einer Abdeckung vor Verdunstung geschützt. Erst wenn die Pflanzen angewachsen sind und einen dichten Bestand bilden, wird das Wasser im Aquarium aufgefüllt.

Es gibt nur wenige Pflanzen mit kleineren Blättern

Nährstoffreicher Soil fördert das Wachstum des Australischen Zungenblatts

Blüten von *Glossostigma* (o.)

Foto: CAU, Hong Kong

20 – 28 °C

2 – 12 °KH

pH 6,5 – 7,5

Helanthium

Ketten-Schwertpflanzen

Die Ketten-Schwertpflanzen oder Zwerg-Amazonaspflanzen unterscheiden sich deutlich von den nahe verwandten *Echinodorus* und sollten bereits Mitte der 1980er-Jahre in die Gattung *Helanthium* überführt werden. Aber erst 2008 wurde diese Umgruppierung nach ausführlichen morphologischen und genetischen Untersuchungen offiziell vollzogen. Die Blütenstände werden unter Wasser zu Pseudostolonen umgebildet, an denen sich Jungpflanzen entwickeln. Anders als die echten Ausläufer von Vallisnerien wachsen die Pseudostolone von *Helanthium* nicht im Substrat. Sie verbinden die Pflanzen oberirdisch zu langen Ketten.

Helanthium var. *tenellum* kann bis zu zehn Zentimeter hoch werden und färbt sich manchmal bräunlich

Die Ketten-Schwertpflanzen benötigen viel bis sehr viel Licht, einen nährstoffreichen Bodengrund und eine gute Versorgung mit Mikronährstoffen. Sie zeigen schneller als andere Aquarienpflanzen Eisenmangelsymptome.

Die Grasartige Amazonas-Schwertpflanze (*H. tenellum* var. *tenellum*) ist in Südamerika von Kolumbien bis Brasilien verbreitet. Die ungestielten Unterwasserblätter werden fünf bis zehn Zentimeter lang und sind dunkelgrün bis rötlich braun. Eine kleinere nordamerikanische Varietät wird als *H. tenellum* var. *parvulum* bezeichnet. Diese Form ist an kühleres Wasser angepasst und braucht im Aquarium sehr viel Licht. Von der Bolivianischen Zwergschwertpflanze (*H. bolivianum*) sind verschiedene Formen bekannt, die im Aquarium zwischen 15 und 60 Zentimeter hoch werden. Sie werden unter den Handelsbezeichnungen „Angustifolius", „Latifolius", „Xinguensis", „Quadricostatus" oder „Magdalenensis" angeboten. „Vesuvius" ist eine anspruchsvolle Selektion mit gedrehten Blättern, die unter guten Bedingungen bis zu 40 Zentimeter hoch werden kann. Sie hat sehr empfindliche Wurzeln und braucht lange zum Anwachsen.

Helanthium bolivianum „Vesuvius" ist eine schwer zu pflegende Aquarienpflanze

Helanthium var. *parvulum* ist immer hellgrün und wird nur etwa fünf Zentimeter hoch

Bei diesen *Helanthium bolivianum* sind die oberirdischen Pseudostolone gut zu sehen, welche die Pflanzen zu Ketten verbinden

18 – 28 °C

4 - 8 °KH

pH 6 – 7,5

Hemianthus

Zierliches Perlenkraut

Das Zierliche Perlenkraut (*Hemianthus micranthemoides*)

Das Zierliche Perlenkraut (*H. micranthemoides*) ist eine kleinblättrige Stängelpflanze. Die hellgrünen Blätter sind ungestielt und sitzen kreuzgegenständig oder in drei- bis vierzähligen Quirlen an den Stängelknoten. Die Pflanzen wachsen in weichem bis mittelhartem Wasser gut. Eine zusätzliche CO_2-Düngung ist nicht notwendig, fördert aber das Wachstum. Die Art stammt von der Ostküste der nördlichen USA und ist an die Lebensbedingungen in kühlen Regionen angepasst. Bei Temperaturen über 24 °C brauchen die Pflanzen viel Licht. In kühleren Aquarien wachsen sie auch gut bei mittlerer Lichtstärke. Ein freier, gut belichteter Platz im Mittelgrund ist für sie ideal. Das Zwergperlenkraut (*H. callitrichoides*) aus der Karibik ist eine Kriechsprosspflanze mit nur ein bis vier Millimeter langen, ovalen Blättern. Es gilt als kleinste, bekannte Aquarienpflanze und findet vor allem im Aquascaping und in der Nano-Aquaristik Verwendung. Diese zierliche Art bildet an gut belichteten Flächen auf nährstoffreichen Substraten schnell einen dichten Pflanzenteppich. Die zarten Sprosse sind unter Wasser schwer zu pflanzen, weil die kurzen Wurzeln nur wenig Halt im Substrat finden. Aquascaper verwenden darum häufig die „Dry-Start-Methode". Dabei werden die Pflanzen nach der Einrichtung des Aquariums einige Wochen über Wasser weiter kultiviert. Erst wenn sie gut verwurzelt sind, wird das Aquarium mit Wasser gefüllt.

Das Zwergperlenkraut (*Hemianthus callitrichoides*) hat noch kleinere Blätter als das Australische Zungenblatt (*Glossostigma elatinoides*) im Vordergrund.

Heteranthera

20 – 28 °C

4 – 15 °KH

pH 5 – 8

Seegrasblättriges Trugkölbchen

Das Seegrasblättrige Trugkölbchen (*H. zosterifolia*) ist eine schnell wachsende Stängelpflanze aus dem subtropischen Südamerika. Seine linealischen Blätter sind auf der Oberseite hellgrün und unterseits silbrig. Die Stängel fluten, wenn sie die Wasseroberfläche erreichen, und dann können sich auch im Aquarium blau-violette Blüten bilden. Die Pflanze eignet sich gut für die Wasserreinigung, braucht aber auch eine gute Nährstoffversorgung. Dann bilden sich reichlich Seitentriebe an den Blattknoten. Der Lichtbedarf ist abhängig von der Temperatur. In mäßig warmem Wasser mit 20 bis 24 °C reicht eine mittlere Beleuchtungsstärke aus. Ist das Wasser wärmer, braucht das Trugkölbchen mehr Licht. Unter starker Beleuchtung sind die Internodien kürzer und die Pflanzen sind kompakter. Bei Beschattung färben sich die unteren Blätter schwarz und werden abgestoßen.

Das Seegrasblättrige Trugkölbchen (*Heteranthera zosterifolia*) wächst schnell und reinigt das Wasser effektiv (o.)

Blüte von *Heteranthera zosterifolia* (o.)

5 – 26 °C

4 – 15 °KH

pH 6 – 7,5

Hydrocotyle

Wassernabel

Blütenstand von *Hydrocotyle leucocephala*

Wassernabel wachsen über Wasser als kriechende Sumpfpflanzen. Im Aquarium treiben die Stängel einiger Arten nach oben, andere wachsen auch unter Wasser kriechend. Der Brasilianische Wassernabel (*H. leucocephala*) ist im subtropischen und tropischen Mittel- und Südamerika weit verbreitet. Im Aquarium streben die Stängel zur Wasseroberfläche und wachsen dort unter Wasser flutend weiter. Die rundlichen Blätter sind wechselständig und lang gestielt. An den Blattknoten bilden sich weiße Wurzeln.

Hutpilzpflanzen (*Hydrocotyle verticillata*) im Vordergrund eines Aquariums

Der Dreiteilige Wassernabel (*Hydrocotyle tripartita*) bildet im Aquarium niedrige Polster

Im Tropenaquarium braucht die Pflanze viel Licht. Bei Temperaturen um 20 °C reicht eine mittlere Beleuchtungsstärke aus. Der Brasilianische Wassernabel kann problemlos auch in hartem Wasser mit einer GH bis 20 °dH leben. In weichem Wasser zeigt er schnell Aufhellungen an den Blatträndern, weil ihm Kalzium und Magnesium fehlen. Regelmäßige Wasserwechsel, eine gezielte Düngung oder die Zugabe von Mineralien beugen dem vor. Die Hutpilzpflanze (*H. verticillata*) wächst im Aquarium kriechend. Bei guter Beleuchtung und einem mageren Bodengrund bleiben die Blattstiele kurz und dieser Wassernabel bildet einen fünf bis zehn Zentimeter hohen Pflanzenteppich. Bei Lichtmangel strecken sich dagegen die Blattstiele, weil die Pflanzen versuchen, die Wasseroberfläche zu erreichen. Auch ein nährstoffreicher Bodengrund lässt diesen Wassernabel kräftig in die Höhe schießen. Der Dreiteilige Wassernabel (*H. tripartita*) aus Australien hat kurze Blattstiele und wächst auch im Aquarium unter Wasser kriechend. Damit er sich gut entwickelt, braucht er einen freien Standplatz und eine starke Beleuchtung. Diese Art ist wegen ihrer kleinen Blätter und dem niedrigen Wuchs bei Aquascapern sehr beliebt.

Hydrocotyle leucocephala wächst im Aquarium aufrecht und bildet viele, weiße Wurzeln an jedem Blattknoten (o. und u.)

22 – 30 °C

4 – 12 °KH

pH 5 – 7,8

Hygrophila

Wasserfreund

Wasserfreunde sind pflegeleichte und dekorative Stängelpflanzen. Der Indische Wasserfreund (*H. polysperma*) ist besonders anpassungsfähig und robust. Er wächst in weichem bis hartem, saurem bis leicht alkalischem Wasser gut und zieht schnell viele überschüssige Makronährstoffe aus dem Wasser. Schwankende Wasserwerte stören ihn nicht, und er benötigt auch keinen nährstoffreichen Bodengrund. Darum eignet sich diese Aquarienpflanze besonders gut für die Ersteinrichtung von Aquarien und zur Wasserreinigung. Auch im warmen, weichen Wasser eines Diskusaquariums fühlt sich der Indische Wasserfreund wohl. Dort bevorzugt er aber freie, helle Standplätze. Der Riesen-Wasserfreund (*H. corymbosa*) ist ebenfalls eine bewährte Aquarienpflanze. Er wird im Aquarium schnell bis zu 70 Zentimeter hoch und wächst beim Erreichen der Wasseroberfläche

Wegen der schmalen Blätter ist bei *Hygrophila angustifolia* der Wuchs viel lockerer als bei anderen Wasserfreunden

Hygrophila polysperma

Die gebuchteten Blattränder machen den Fiederspaltigen Wasserfreund (*H. pinnatifida*) besonders dekorativ

Indischer Wasserfreund (*H. polysperma*) (o. l.)

Das „Kirschblatt“ hat besonders große Blätter (o. r.)

„Siamensis“ ist mit seinen großen, lanzettlichen Blättern ideal für größere Gruppen im Hintergrund (M. l. und u. r.)

Als „Rosanervig“, „Rosae“ oder „Sunset“ wird eine Form des Indischen Wasserfreundes angeboten, dessen Blattadern weiß bis rosa und die Blattflächen hellgrün bis rosarot sind (u. l.)

Typische Kalium-mangel-Symptome am Schmalblättrigen Wasserfreund

Hygrophila pinnatifida und *Hydrocotyle tripartita* als Vordergrundbepflanzung (o.)

über den Wasserspiegel hinaus. Eine besonders großblättrige Form wird als „Kirschblatt" bezeichnet. Bei „Siamensis" sind die lanzettlichen Blätter schmaler. Der Schmale Wasserfreund (*H. angustifolia*) hat schmale, linealische Blattspreiten und wirkt sehr viel lockerer in der Struktur als die anderen Wasserfreunde. Er kommt besonders gut an einer freien Stelle im Mittelgrund von hohen Aquarien zur Geltung. Der Indische Wasserwedel (*H. difformis*) hat dagegen sehr breite Blätter, die in Blattfiedern zerteilt sind. Er bildet eine dichte Hintergrund-

Hygrophila angustifolia

bepflanzung, eignet sich aber auch für die Gestaltung von niedrigen Pflanzstraßen, weil er verhältnismäßig langsam in die Höhe wächst und bei mittlerer Lichtstärke gedeiht. Seine Internodien sind aber kürzer und die Blätter kräftiger, wenn die Pflanzen mehr Licht bekommen. Besonders dekorativ ist der Fiederspaltige Wasserfreund (*H. pinnatifida*). Seine Blätter sind schmal lanzettlich und am Rand tief gebuchtet. Abhängig vom Lichtangebot sind sie dunkelgrün, rotbraun oder rötlich. Dieser Wasserfreund bildet unter Wasser aufrechte, kompakte Sprosse und auch kriechende Triebe. Er heftet sich mit seinen Wurzeln an Steine und Holz. Die Stängel wachsen nur langsam in die Länge, verzweigen sich aber gut.

Die Wasserfreunde wachsen gut in reinen Sand- und Kiesböden. Auf nährstoffhaltigen Böden sind die Blätter jedoch größer und die Stängel kräftiger und stärker verzweigt. Alle Arten reagieren empfindlicher auf Kaliummangel als andere Aquarienpflanzen. Sie bekommen dann glasige Stellen in den Blättern und kleine, punktförmige Löcher.

Blüte von *Hygrophila difformis*

Blüte von *Hygrophila corymbosa*

Der Indische Wasserwedel (*Hygrophila difformis*) wird oft für Pflanzstraßen verwendet

Hygrophila difformis

20 – 28 °C

4 – 10 °KH

pH 5 – 7,2

Lilaeopsis

Graspflanzen

Die Graspflanzen sind Kriechsprosspflanzen mit grasähnlichen Blättern. Sie bilden Ausläufer und wachsen zu dichten Beständen zusammen, wenn der Bodengrund nährstoffreich und das Lichtangebot ausreichend hoch ist. Die Brasilianische Graspflanze (*L. brasiliensis*) wird im Aquarium drei bis sieben Zentimeter hoch. Die Mauritius-Graspflanze (*L. mauritiana*) hat fünf bis zehn Zentimeter lange Blätter, die im Querschnitt rund bis oval und innen hohl sind. Mit ihren 30 Zentimeter langen Blättern wird die Argentinische Graspflanze (*L. macloviana*) deutlich größer. Ihre drehrunden Blätter sind innen hohl. Die feinen Triebe der Graspflanzen lassen sich am besten mit einer Pinzette einsetzen. Teilweise werden die Pflanzen auch in Gitter eingewachsen angeboten, die nur auf dem Substrat ausgelegt und fixiert werden müssen.

Lilaeopsis brasiliensis sieht unter Wasser genauso aus wie in der Sumpfkultur (l.)

Lilaeopsis mauritiana

Von links nach rechts: *Lilaeopsis macloviana, L. brasiliensis, L. mauritiana*

Limnobium

10 – 28 °C

4 – 9 °KH

pH 6 – 7,5

Südamerikanischer Froschbiss

Der Südamerikanische Froschbiss (*L. laevigatum*) ist von Mexiko bis Paraguay verbreitet. Die Blattoberseite der rundlichen bis herzförmigen Blätter ist mittelgrün, die Blattunterseite blassgrün und schwammig. Diese Schwimmpflanze eignet sich gut für die Aquarienkultur. Die Blattrosetten gedeihen auch unter einer Abdeckscheibe oder geschlossenen Abdeckung. Die Vermehrung erfolgt durch Ausläufer. Im Sommer sind die Pflanzen auch für Miniteiche gut geeignet.

Weibliche Blüte von *Limnobium*

Limnobium laevigatum bildet Jungpflanzen an Stolonen

22 – 30 °C

4 – 12 °KH

pH 6 – 7,5

Limnophila

Sumpffreund

Die Sumpffreunde haben über Wasser lanzettliche bis linealische Blätter mit gesägten Blatträndern. Einige Arten behalten diese Blattform auch unter Wasser bei, andere bekommen fein gefiederte Unterwasserblätter und ähneln dann den Haarnixen der Gattung *Cabomba*. Weil diese aber kreuzgegenständige und *Limnophila* quirlständige Blätter haben, sind sie leicht zu unterscheiden. Der Blütenstiellose Sumpffreund (*L. sessiliflora*) ist eine sehr gute, pflegeleichte Aquarienpflanze mit dekorativen feinfiedrigen Blättern. Sie braucht nur wenig Licht und verträgt schwankende Wasserwerte. Weil sie anspruchslos ist und schnell wächst, ist sie ideal für die Ersteinrichtung und für die Wasserreinigung geeignet. Der Große Sumpffreund (*L. aquatica*) hat ebenfalls feinfiedrige Blätter, wird aber deutlich größer. Die

L. sessiliflora ist eine anspruchslose, empfehlenswerte Stängelpflanze (l.)

Die dichten Blattquirle von *L. aquatica* können einen Durchmesser von bis zu zwölf Zentimetern erreichen (u.)

Blattquirle haben einen Durchmesser von fünf bis zwölf Zentimetern. Je nach Beckenhöhe und Wassertemperatur benötigt diese sehr dekorative Art eine mittlere bis starke Beleuchtung. Die Vermehrung erfolgt über Stecklinge, die nicht kürzer als 15 Zentimeter sein sollten.

Der Tannenwedelähnliche Sumpffreund (*L. hippuridoides*) gehört zu den *Limnophila*-Arten, die unter Wasser linealische Blätter haben. Abhängig vom Lichtangebot sind sie hellgrün oder rosarot bis kräftig weinrot mit violetter Blattunterseite.

Blüten und Überwasserblätter von *L. hippuridoides* (r.)

L. hippuridoides braucht viel Licht, um kräftig rot zu werden (o.)

Blütenstand von *L. aquatica*

15 – 26 °C

5 – 12 °KH

pH 6,5 – 7,5

Lobelia

Lobelie

Die nordamerikanische Kardinalslobelie (*L. cardinalis*) ist eine bis zu einem Meter hohe Sumpfpflanze, die häufig im Teichhandel zu finden ist. Im Aquarium unter Wasser bildet sie rundliche, hellgrüne Blätter und wächst sehr langsam. Sie wird bei der Gestaltung von Pflanzenaquarien bevorzugt für Pflanzstraßen im Vordergrund und vorderen Mittelgrund verwendet. Abhängig von der Wassertemperatur und der Beckenhöhe benötigt die Kardinalslobelie eine mittlere bis starke Beleuchtung. Eine Beleuchtungsdauer über zwölf Stunden regt diese subtropischen Pflanzen zur Blütenbildung an und lässt sie schnell zur Wasseroberfläche durchtreiben.

Blüten der Kardinalslobelie (o.)

Lobelia cardinalis und *Lomariopsis* im Vordergrund eines Aquariums (u.)

Lomariopsis

Süßwassertang

15 – 26 °C

5 – 12 °KH

pH 6,5 – 7,5

Der sogenannte „Süßwassertang" ähnelt einem Lebermoos, ist aber eine undifferenzierte Jugendform eines Farnes. Vom ähnlichen *Monosolenium* lässt sich das Prothallium dadurch unterscheiden, dass es weder Ölkörper noch eine Mittelrippe hat.

Foto: B. Wallach

Der Süßwassertang wird gerne von Aquascapern verwendet

Foto: B. Wallach

14 – 26 °C

4 – 9 °KH

pH 6 – 7,2

Ludwigia

Heusenkraut

Ludwigien kommen in den gemäßigten Breiten, Subtropen und Tropen vor. Das Sumpfheusenkraut (*L. palustris*) ist auf der Nordhalbkugel weit verbreitet und auch in Deutschland heimisch. Es gibt diese Art mit olivgrünen oder roten Blättern. Im Tropenaquarium benötigt sie viel Licht. Die Kriechende Ludwigie (*L. repens*) kommt ursprünglich in den USA und Mexiko vor. Aus einer Kreuzung dieser zwei Arten ging die Breitblättrige Bastardludwigie (*L. palustris* x *repens*) hervor. Sowohl die Art als auch die Hybride sind sehr pflegeleicht und wachsen in weichem bis sehr hartem, saurem und alkalischem Wasser problemlos bei mittlerer Lichtstärke. Sie eignen sich gut zur Reduktion von Nitrat und Phosphat. Die Schmalblättrige Ludwigie (*L. arcuata*) ist dagegen eine lichtbedürftige Aquarienpflanze, die weiches Wasser bevorzugt. Sie ist ein Elternteil der Schmalblättrigen Bastardludwigie (*L. repens* x *arcuata*). Diese

Bei *Ludwigia* „Rubin" sind einige Blätter gegenständig und andere wechselständig (l.)

Von links nach rechts: *Ludwigia palustris, L. palustris* x *repens, L. repens* und *L. repens* x *arcuata* (u.)

Ludwigia glandulosa hat wechselständige Blätter

hat attraktiv rote, schmale Blätter und ist ebenso anspruchslos wie die Breitblättrige Bastardludwigie und die Kriechende Ludwigie. Diese Arten und Hybriden haben alle kreuzgegenständige Blätter. Bei *L. glandulosa* sind die Blätter aber wechselständig. Daran lassen sich die dunkelroten Pflanzen nicht nur von anderen Ludwigien, sondern auch von Papageienblättern (*Alternanthera*) unterscheiden. Diese Art benötigt für ein gutes Wachstum sehr viel Licht, weiches, saures Wasser und viel freies CO_2. Sehr viel einfacher zu halten ist die ebenfalls schön rot gefärbte Rubin-Ludwigie (*Ludwigia* „Rubin"). Bei ihr treten kreuzgegenständige und wechselständige Blätter zusammen auf. Diese Form toleriert weiches und mittelhartes Wasser, benötigt aber viel Licht, damit sie ihre intensive, rote Färbung zeigt und die unteren Blätter nicht abwirft.

Blüte von *Ludwigia repens*

Breitblättrige Bastardludwigie (*L. palustris* x *repens*) (o.)

Ludwigia arcuata (u. r.)

18 – 30 °C

2 – 12 °KH

pH 6 – 7,2

Marsilea

Kleefarne

Überwasserblätter eines Kleefarns

Kleefarne sind Sumpf- oder Wasserpflanzen. Sie wurzeln im Grund und haben vierteilige Überwasser- oder Schwimmblätter, die an Klee erinnern. Zur generativen Vermehrung bilden sie Sporen in kugeligen Sporenbehältern an den Rhizomen. Im Aquarium werden verschiedene *Marsilea*-Arten kultiviert, die sich alle sehr ähnlich sehen und nicht eindeutig bestimmt sind.

Sie werden unter Wasser nur zwei bis acht Zentimeter hoch und eignen sich als Vordergrundpflanzen und für Nano-Aquarien. Die Pflanzen brauchen nur eine mittlere Lichtstärke, wachsen aber schneller und kompakter unter stärkerer Beleuchtung. Auf nährstoffreichen Substraten wachsen sie üppiger und bekommen größere Blätter.

Unter Wasser sind die Blätter ungeteilt und haben eine rundliche Spreite (l.)

Schwimmblätter des Seerosen-Kleefarns (*M. mutica*) (o.)

Kleefarn in einem Aquarium (r.)

Micranthemum

15 – 26 °C

3 – 9 °KH

pH 6 – 7

Rundblättriges Perlenkraut

Das Rundblättrige Perlenkraut (*M. umbrosum*) stammt aus dem subtropischen Südosten der USA. Seine Stängel wachsen kriechend und wurzeln an den Blattknoten. Eine CO_2-Düngung ist nicht notwendig, fördert aber das Wachstum und die Bildung größerer Blätter. Die Ansprüche an die Wasserwerte sind gering, aber die Pflanzen haben einen hohen Lichtbedarf. Bei Lichtmangel werden die Stängel unten kahl, lösen sich auf und die oberen Sprossteile treiben an die Wasseroberfläche zum Licht.

Micranthemum umbrosum

22 – 28 °C

4 – 13 °KH

pH 5,5 – 7,5

Microsorum

Javafarn, Schwarzwurzelfarn

Der Javafarn oder Schwarzwurzelfarn (*M. pteropus*) ist im tropischen Asien weit verbreitet. Es gibt verschiedene Formen mit unterschiedlich breiten, ganzrandigen, gegabelten oder gefransten Blättern. Sie werden als Aufsitzer auf Steine, Lava und Wurzelholz aufgebunden. Die Vermehrung erfolgt durch das Teilen der Rhizome und die Adventivpflanzen, die sich an den Blatträndern bilden. Alle Formen kommen mit wenig Licht aus und bevorzugen mittelhartes bis hartes Wasser. Das häufigste Kulturproblem beim Javafarn ist das Schwarzwerden der Blätter durch Kaliummangel.

„Windelow" hat gegabelte Blattspitzen (l.)

Schmalblättriger Javafarn (u.)

Der Javafarn (*Microsorum pteropus*) ist eine Aufsitzerpflanze mit kriechendem Rhizom (l.)

Monosolenium

Lebermoos

15 – 30 °C

5 – 15 °KH

pH 6 – 8

Das Asiatische Lebermoos (*M. tenerum*) besteht aus einem durchscheinenden, wulstigen Thallus mit einer deutlich sichtbaren, breiten Mittelrippe, an der auf der Unterseite Wurzelhaare (Rhizoide) sitzen. Auf der Ober- und Unterseite sind kleine grau-weiße Punkte sichtbar. Dabei handelt es sich um chlorophyllfreie Ölzellen. Bei geringem Lichtangebot sind die Thalli dünn und schmal. Am besten wächst das Asiatische Lebermoos bei mittlerer bis starker Belichtung und einer guten Versorgung mit Stickstoff, Phosphor und Kalium. In Aquarien, die mit Zeolith gefiltert werden oder ionentauschende Soils enthalten, geht das Moos schnell zurück.

Die hellen Pünktchen auf dem Thallus von *Monosolenium tenerum* sind Ölzellen (r.)

Monosolenium tenerum wächst im Aquarium zügig (u.)

10 – 25 °C

4 – 9 °KH

pH 6,5 – 7,2

Myriophyllum

Tausendblatt

In der Aquaristik sind verschiedene subtropische und tropische Tausendblätter bekannt. Die Unterwasserformen dieser Sumpfpflanzen haben quirlständige, kammförmige Blätter. Sie lassen sich auf Dauer nur unter starker Beleuchtung halten, weil ihr Kompensationspunkt bei etwa 2500 Lux liegt. Je wärmer das Wasser ist, desto mehr Licht benötigen die Pflanzen. Tausendblätter brauchen zusätzlich auch eine gute Nährstoffversorgung. Ein nährstoffreicher Bodengrund ist von Vorteil, regelmäßige Eisen- und Mikronährstoffdüngung unverzichtbar.

Das Matto-Grosso-Tausendblatt (*M. mattogrossense*) ist eine rein grüne Art mit vergleichsweise großen, eilanzettlichen Blättern. Beim madagassischen Mez' Tausenblatt (*M. mezianum*) sind die Blätter rotbraun gefärbt und schmal lanzettlich. Das Rote Tausendblatt (*M. tuberculatum*) ist kräftig braunrot gefärbt. Es stammt aus Asien. Das Brasilianische Tausendblatt (*M. aquaticum*) und das Verschiedenblättrige Tausendblatt (*M. heterophyllum*) sind als invasive Arten eingestuft und dürfen in der EU nicht mehr verbreitet werden.

Blühender Trieb des Roten Tausendblattes (*Myriophyllum tuberculatum*) (o. l.)

Mez' Tausendblatt (*Myriophyllum mezianum*) (l.)

Verwildertes *Myriophyllum aquaticum* in einem Graben in Nordrhein-Westfalen

Mato-Grosso-Tausendblatt
(*Myriophyllum mattogrossense*) (o)

Grüne Tausendblattarten benötigen ebenso viel Licht wie das rotblättrige *Myriophyllum tuberculatum* (r.)

20 – 30 °C

3 – 10 °KH

pH 5,5 – 7,5

Najas

Nixkräuter

Nixkräuter sind filigrane, stark verzweigte Wasserpflanzen. Sie wachsen immer vollständig untergetaucht, blühen unter Wasser und werden sogar vom Wasser bestäubt. Ihre zarten Stängel können gepflanzt werden. Sie bilden aber auch frei treibend dichte Bestände. Die Nährstoffversorgung kann vollständig über das Wasser erfolgen. Das Guadeloupe-Nixkraut (*N. guadalupensis*) ist anspruchslos und pflegeleicht für alle Aquarientypen. Es wächst verwurzelt und frei treibend zügig und zieht schnell Nitrat und Phosphat aus dem Wasser. Dadurch ist es eine gute Konkurrenz für Algen und trägt zur Wasserreinigung bei. Das Indische Nixkraut (*N. indica*) wächst langsamer, ist dafür aber mit seinen langen, linealischen Blättern in lockeren Gruppen im Mittelgrund sehr dekorativ.

Dichte Bestände vom Guadeloupe-Nixkraut (*Najas guadalupensis*) sind ideale Verstecke für Jungfische und Garnelen (l.)

Najas indica ist eine elegante, feinblättrige Pflanze (r.)

Nymphaea

Seerosen

18 – 30 °C

2 – 12 °KH,

pH 5,5 – 7,5

Seerosen bilden nur im Jugendstadium Unterwasserblätter und streben dann mit Schwimmblättern an die Wasseroberfläche. Nur wenige kleinbleibende Seerosen lassen sich durch regelmäßigen Rückschnitt dauerhaft unter Wasser halten und auf diese Weise im Aquarium kultivieren. Die bekannteste Seerose in der Aquaristik ist der Tigerlotus (*N. lotus*). Seine Unterwasserblätter sind rund oder oval, mit einem Durchmesser von 10 bis 20 Zentimetern. Die Blattspreiten sind leicht gewellt und sehr variabel grün oder rot gefärbt. Häufig weisen sie ein Muster aus rotbraunen Flecken auf. Die Blätter der Grünen Zwergseerose (*N. glandulifera*) bekommen an hellen Standorten einen leichten Kupferschimmer. Diese Art vermehrt sich im Aquarium schnell durch die Bildung von Ausläufern. Die Kleinblütige Seerose (*N. micrantha*) bildet Adventivpflanzen auf ausgewachsenen Blättern. Besonders attraktiv ist die gefleckte Form.

Grüner Tigerlotus mit rotbraun gefleckten Blättern

Roter Tigerlotus mit gefleckten Blättern

Nymphaea glandulifera

Blüte von *Nymphaea micrantha* im Aquarium

Tigerlotus mit gefleckten Blättern

Entwicklung der Adventivpflanzen auf den Blättern von *Nymphaea micrantha* (o.)

Nymphaea micrantha (u.)

15 – 30 °C

5 - 12 °KH

pH 6,5 – 7,2

Nymphoides

Seekannen

Blüte von *Nymphoides aquatica* (o.)

Nymphoides sp. „Flipper“ hat bisher noch nicht in Kultur geblüht und ist darum bislang unbestimmt (u. l.)

Die verdickten Speicherwurzeln von *Nymphoides aquatica* bilden sich beim Anwachsen zurück (u. r.)

Auf den ersten Blick sehen Seekannen den Seerosen ähnlich. Tatsächlich sind sie aber nicht mit ihnen verwandt, sondern gehören zu den Fieberkleegewächsen. Die Pflanzen haben ein kriechendes Rhizom und schieben ihre Blätter an Langtrieben zur Wasseroberfläche. Dort bilden die meisten Arten dann Schwimmblätter und am Übergang vom Langtrieb zum Blattstiel bilden sich Blüten. Besonders begehrt war lange die „Unterwasserbanane“ (*N. aquatica*). Sie stammt von der Atlantikküste Nordamerikas und bildet am Ende des Sommers unter den Schwimmblättern verdickte Speicherwurzeln. Wenn die Blätter absterben, sinken die Knollen auf den Grund. Im Frühjahr treiben sie aus und es wachsen neue Pflanzen heran. Die dekorativen Speicherwurzeln werden dabei aufgezehrt und verschwinden. Die junge Seekanne bildet dann zunächst bis zu 15 Zentimeter große, gewellte Unterwasserblätter in einer kompakten, grundständigen Rosette. Wenn die Pflanze kräftig genug ist, schiebt sie Schwimmblätter zur Wasseroberfläche, um zu blühen. Die Taiwan-Seekanne (*Nymphoides* sp.) hat lang gestielte Unterwasserblätter, an deren Blattansätzen sich schnell Adventivpflanzen bilden. Erreicht sie die Wasseroberfläche, wächst sie flutend weiter, ohne stabile Schwimmblätter auszubilden.

18 – 30 °C

5 – 15 °KH

pH 6,5 – 7,5

Wassersalat, Muschelblume

Die Muschelblume ist eine wuchernde Schwimmpflanze. Sie entzieht dem Wasser viele Nährstoffe und eignet sich darum gut, überschüssiges Nitrat und Phosphat aus dem Aquarium zu entfernen. Bei guter Belichtung und einer ausreichenden Nährstoffversorgung bildet sie aus spatelförmigen, gerippten Blättern Rosetten mit einem Durchmesser von bis zu 30 Zentimetern. Im Aquarium entwickelt sich oft nur eine Kümmerform mit kleinen, rundlichen Blättern. Am besten wächst die Muschelblume in offenen Aquarien und in Miniteichen. Unter Aquarienabdeckungen fault sie häufig, weil Kondenswasser auf sie tropft.

Blüte von *Pistia stratiotes*

Muschelblumen vermehren sich durch Ausläufer und bilden dichte, schwimmende Teppiche

Im Aquarium bleiben die *Pistia*-Rosetten meistens klein

22 – 28 °C

3 – 16 °KH

pH 5 – 7,5

Pogostemon

Bartfaden, Sternpflanzen

Die Bartfaden-Arten sind Stängelpflanzen mit quirlständigen Blättern. Die meisten Arten benötigen einen nährstoffreichen Bodengrund und viel bis sehr viel Licht, um sich optimal zu entwickeln. Im Wuchs sind sie sehr verschieden. Die Sternpflanze (*P. stellatus*, Syn. *Eusteralis stellata*) wächst aufrecht und hat drei bis fünf Millimeter breite, linealische Blätter mit Zähnen am Blattrand. Die Blattquirle haben einen Durchmesser von sechs bis vierzehn Zentimetern. Am weitesten verbreitet ist eine schmalblättrige Form mit hellgrünen Blättern, deren Triebspitzen sich rötlich färben können. Besonders dekorativ und wüchsig ist die Form „Adelaide River". Abhängig vom Angebot an Licht und Nährstoffen sind die Pflanzen hellgrün bis kräftig rot-violett gefärbt. Der Vierblättrige Wasserstern (*P. quadrifolius*) wird teilweise mit der Handelsbezeichnung „Octopus" angeboten. Bei dieser Art sind fast immer vier Blätter an einem Blattknoten. Die Blattspreiten sind linealisch, etwa zwei bis drei Millimeter breit und ungefähr zehn bis zwölf Zentimeter lang. Diese schnell wachsen-

Die Sternpflanze bekommt bei starker Belichtung rötliche Triebspitzen (o.)

Pogostemon stellatus „Adelaide River" (u. r.)

Pogostemon quadrifolius

de Stängelpflanze wächst flutend unter der Wasseroberfläche weiter. Sie ist anspruchslos und bei einer mittleren Lichtstärke in weichem bis hartem Wasser leicht zu pflegen. Die Indische Sternpflanze (*P. deccanensis*) hat nadelähnliche, rein grüne Blätter. Die Triebe wachsen stramm aufrecht und wirken am besten in lockeren Gruppen im Mittelgrund. Der Kleine Wasserstern (*P. helferi*) hat reich verzweigte, gestauchte, rosettenähnliche Stängel, die dichte Polster bilden. Durch ihre gekräuselten Blattränder sind die kleinen Vordergrundpflanzen besonders dekorativ. Damit die Triebe kompakt bleiben und kriechend wachsen, ist eine gute Belichtung wichtig. *P. stellatus* ist eine Zeigerpflanze für Mikronährstoffmangel. Die Triebspitzen werden schnell hell oder sogar weiß, wenn Eisen und andere Spurenelemente fehlen.

Pogostemon deccanensis

Blüten von *Pogostemon helferi*

Blüten von *Pogostemon stellatus*

Der Kleine Wasserstern (*Pogostemon helferi*) ist eine dekorative Vordergrundpflanze

15 – 25 °C

5 – 18 °KH

pH 5,5 – 7

Proserpinaca

Kammblatt

Mit dem Amerikanischen Kammblatt (*P. palustris*) lassen sich gut Akzente im Mittelgrund setzen. Seine Blattfarbe variiert in Abhängigkeit vom Lichtangebot von olivgrün bis rostrot. Je intensiver das Licht ist, desto kräftiger ist die Rotfärbung. Die Blätter sind wie bei den Tausendblättern kammförmig, aber sie sind wechselständig und nicht in Quirlen um den Stängel angeordnet.

Das Kammblatt ist eine subtropische Sumpfpflanze und benötigt in warmen Aquarien deutlich mehr Licht als in Becken mit Temperaturen unter 24 °C. CO_2-Düngung fördert das Wachstum, ist aber für eine erfolgreiche Kultur nicht unbedingt erforderlich.

Über Wasser sieht das Amerikanische Kammblatt völlig anders aus (l.)

Unterwasserform von *Proserpinaca palustris* (u.)

Proserpinaca ähnelt einem Tausendblatt, ist durch die wechselständigen Blätter aber leicht zu erkennen (o.)

Riccardia

15 – 30 °C

5 – 15 °KH

pH 6 – 8

Korallenmoos

Das Korallenmoos (*R. chamedryfolia*) gehört zu den thallosen Lebermoosen. Die verzweigten Thalli sind dunkelgrün bis olivgrün und an den Spitzen etwas heller. Dieses dekorative Moos kann gut zum Begrünen von Wurzeln oder Steinen verwendet werden. Es benötigt ausreichend Mineralien im Wasser und verträgt eine Filterung über Zeolith oder eine Kultur auf ionentauschenden Substraten (Soils) nicht.

Riccardia chamedryfolia

Fotos: B. Wallach

5 – 27 °C

4 – 15 °KH

pH 5 – 8

Riccia

Teichlebermoos

Das Teichlebermoos (*Riccia fluitans*) ist weltweit verbreitet. Es hat gegabelte Thalli, die unter der Wasseroberfläche treiben. Sie sind ein gutes Versteck für kleine Jungfische und dienen Fadenfischen und Kampffischen als Anker für ihre Schaumnester. Die Polster können mit Netzen an Steinen oder Wurzelholz fixiert werden, wachsen daran aber nicht fest, weil sie keine Rhizoide haben. Nach einiger Zeit wachsen die Thalli durch das Netz und treiben wieder nach oben. In der Natur sinkt das Moos im Herbst auf den Gewässergrund und überwintert dort.

Riccia als Aufsitzer (l.)

Riccia fluitans als Polster am Boden (u.)

Thalli von flutendem *Riccia*

Foto: CAU, Hong Kong

22 – 28 °C

3 – 16 °KH

pH 5 – 7,5

Rotala

Rotweiderich, Rotala

Die *Rotala*-Arten sind Sumpfpflanzen und bilden über und unter Wasser verschiedene Blattformen aus. Die Blätter sind immer ungestielt. Die Rundblättrige Rotala (*R. rotundifolia*) hat unter Wasser im Aquarium kreuzgegenständige, ovale bis lanzettliche Blätter mit stumpfer Spitze. Sie gehört zu den pflegeleichten Aquarienpflanzen, die sich auch gut für die Ersteinrichtung von Aquarien eignen. Eine mittlere Beleuchtungsstärke reicht aus, wenn die Pflanzen nicht zu dicht stehen oder beschattet werden. Bei einem guten Lichtangebot werden ihre Triebspitzen rötlich. Wenn sie die Wasseroberfläche erreicht, wächst diese Stängelpflanze flutend weiter. Oft wirft sie dann die Blätter im unteren Stängelbereich ab. Als *Rotala* sp. „Green“ ist eine Pflanze in Kultur, bei der es sich möglicherweise um eine rein grüne Farbform von *R. rotundifolia* handelt. Auch sie ist einfach zu pflegen. Die Dichtblättrige Rotala (*R. macrandra*) hat eiförmige, gewellte Blattspreiten, die abhängig vom Lichtan-

Die namensgebenden runden Blätter bildet die Rundblättrige Rotala (*Rotala rotundifolia*) nur in ihrer Überwasserform

Rotala rotundifolia ist eine anpassungsfähige und pflegeleichte Aquarienpflanze (u.)

gebot und der Nährstoffversorgung lachsfarben bis kirschrot sind. Diese Art benötigt für die dauerhafte Kultur viel bis sehr viel Licht und wächst am besten in weichem Wasser. Bei mittlerer Härte braucht sie eine zusätzliche CO_2-Düngung. Wallichs Rotala (*R. wallichii*) ist eine besonders zarte Aquarienpflanze mit Quirlen aus haarfeinen, linealischen Blättern. Sie benötigt weiches, saures Wasser und sehr viel Licht.

Rotala wallichii ist eine sehr anspruchsvolle Aquarienpflanze

Gruppen von *Rotala rotundifolia* und *Rotala* sp. „Green" im direkten Vergleich

Nur unter sehr starkem Licht und bei optimaler Nährstoffversorgung wird die Färbung von *Rotala macrandra* so intensiv

20 – 28 °C

2 – 10 °KH

pH 5 – 7,5

Staurogyne

Die Kriechende Staurogyne (*S. repens*) ist eine kompakte Stängelpflanze aus Brasilien, die unter Wasser kriechend wächst. Die Triebe werden nur drei bis zehn Zentimeter hoch. Dadurch eignet sich diese Aquarienpflanze gut zur Bepflanzung des Vordergrundes und zum Begrünen von Spalten zwischen größeren Steinen. Auch für Nano-Aquarien ist sie gut geeignet. Unter mittlerer bis starker Beleuchtung ist der Wuchs kompakt. Bei Lichtmangel richten sich die Triebe auf und strecken sich zum Licht. Die Art wurde 2008 als neue Aquarienpflanze eingeführt und hat sich inzwischen gut bewährt.

Blütenstand von *Staurogyne repens* (l.)

Staurogyne repens und im Vordergund *Glossostigma elatinoides*

Taxiphyllum

Javamoos & Co.

15 - 30 °C

2 – 15 °KH

pH 5,8 – 8

Taxiphyllum ist eine Gattung von Laubmoosen und gehört zusammen mit den sehr ähnlichen *Vesicularia*-Arten zu den Schlafmoosgewächsen (Hypnaceae). Eine Unterscheidung der Gattungen ist unter dem Mikroskop anhand der Zellformen an der Blattbasis und in der Blattspreite möglich. Bei *Taxiphyllum* schmiegen sich die Zellen schlängelnd aneinander. Zur Artbestimmung werden die Sporenkapseln benötigt, die nur über Wasser gebildet werden.

Das Javamoos oder Bogormoos (*Taxiphyllum barbieri*) ist das am weitesten verbreitete Aquarienmoos. Es wächst sehr zügig und stellt kaum Ansprüche an die Wasserwerte. Der Hauptstiel ist bis zu fünfzehn Zentimeter lang. Davon zweigen, in unregelmäßigen Abständen und beliebig auf die Seiten verteilt unterschiedlich lange, zum Teil verzweigte Seitentriebe ab. Auf diese Weise entstehen unstrukturierte Moospolster, die frei treiben oder sich mit Rhizoiden an der Einrichtung anheften. Die Triebe des Taiwan-Mooses (*T. alternans*) sind gleichmäßiger verzweigt. Die Seitentriebe sind alle etwa gleich lang und wachsen gleichmäßig nach rechts und links.

Das Taiwan-Moos (*Taxiphyllum alternans*) ist gleichmäßig verzweigt (o. r.)

Charakteristische Zellform bei *Taxiphyllum*-Arten

Javamoos (*Taxiphyllum barbieri*) bildet unstrukturierte Triebe (l.)

15 – 26 °C

2 – 18 °KH

pH 6,5 - 9

Vallisneria

Wasserschraube

Vallisnerien sind echte Wasserpflanzen und gehören zu den Froschbissgewächsen (Hydrocharitaceae). Im Deutschen heißen die Pflanzen Wasserschrauben, weil sich die Stiele ihrer Fruchtstände schraubig aufrollen, wenn sie die Frucht zum Reifen unter Wasser ziehen. Charakteristisch für alle Arten sind bandförmige Blätter in grundständigen Rosetten. An der Spitze sind die Blattränder mit feinen Zähnen besetzt. In der Blattmitte verläuft ein deutlich sichtbarer, breiter Streifen mit Leitgefäßen. Es gibt bei allen Arten männliche und weibliche Pflanzen. Bei den weiblichen Vallisnerien wachsen einzelne Blüten an langen Stielen zur Wasseroberfläche. Die männlichen Blüten sind winzig und sitzen zu Hunderten in Blütenständen an der Pflanzenbasis. Sie sind von einem dünnen Hüllblatt (Spatha) umgeben, das aufreißt, sobald die Blüten reif sind. Dann lösen sich die männlichen Blüten und treiben zur Wasseroberfläche.

Vallisnerien versorgen sich hauptsächlich über die Wurzeln mit Nähr-

Vallisneria spiralis in einem Bachlauf

Im Aquarium ist die Sumpfschraube ideal für den Hintergrund und die Seitenbepflanzung (r.)

stoffen. Nitrat und Phosphat können sie aus dem Wasser gewinnen. Aber Eisen und andere Mikronährstoffe können sie schlecht über die Blätter aufnehmen. Darum kann bei nicht gutem Wuchs eine Düngung über den Bodengrund von Vorteil sein. Vallisnerien vermehren sich nach dem Anwachsen schnell durch Ausläufer. Sie eignen sich gut für die Ersteinrichtung von Aquarien. Am besten wachsen sie in mittelhartem, leicht saurem Wasser. In alkalischem hartem Wasser nutzen sie Karbonate als Kohlenstoffquelle, was zu Kalkablagerungen auf den Blättern führen kann. Nicht alle Formen vertragen es, wenn ihre Blätter gekürzt werden. Es ist darum sinnvoll, die Arten mit zur Beckenhöhe passender Wuchshöhe auszuwählen. Vorsicht ist beim Einsatz von Mitteln zur Bekämpfung von Algen und Schnecken oder Fischmedikamenten geboten, weil Vallisnerien empfindlich auf Kupfer und Trypaflavin (Acriflavin) reagieren.

Die Gewöhnliche Sumpfschraube (*V. spiralis*) stammt ursprünglich aus dem Mittelmeerraum und Nordafrika. Sie kommt im Lake Edward sowie im Tanganjika- und Malawi-See vor. Ihre Blätter sind bis zu 2,5 Meter lang und 5 bis 15 Millimeter breit. *V. spiralis* „Rot“ ist eine Selektion, die unter viel Licht eine flächige Rotfärbung zeigt und nur 40 bis 60 Zentimeter hoch wird. „Torta“ oder „Tortifolia“ bleibt mit nur 15 bis 20 Zentimetern sehr klein. Ihre Blätter sind etwa 0,5 bis 0,7 Zentimeter breit und, je nach Lichtstärke mehr oder weniger stark, korkenzieherartig gedreht. Die ebenfalls spiralig gedrehte „Contortionist“ erreicht eine Höhe von 60 bis 70 Zentimetern. Diese zwei Formen sind weniger wüchsig als die glattblättrige Stammform und brauchen länger zum Anwachsen. Je stärker das Licht ist, desto stärker ist die Windung ihrer Blätter.

Von der Asiatischen Wasserschraube ist nur *V. asiatica* var. *biwaensis* im Handel. Sie stammt aus dem Lake Biwa auf der japanischen Insel Honshu. Ihre spiralig gedrehten Blätter werden zwischen 40 und 60 Zentimeter lang. Auch bei ihr ist die Stärke der Blattdrehung von der Lichtstärke abhängig. Die Blätter der Riesenvallisnerie (*V. australis*) sind bis 3,5 Meter lang und 3,5 Zentimeter breit. Genanalysen haben gezeigt, dass sämtliche *„Vallisneria gigantea“* und *„Vallisneria americana“* in Aquarienkultur zu dieser Art gehören. Bei „Gigantea“ sind die olivgrünen Blätter besonders lang und breit. Die Blätter von „Rubra“ werden bei ausreichend Licht flächig rot und haben

Von der Mutterpflanze ausgehend, bilden Vallisnerien Ketten von Ausläufern

rötlichbraune Blattadern. Eine Selektion mit nur 60 Zentimeter langen Blättern und einer schmalen, stumpfen Blattspitze wird als „Dwarf" oder „Zwerg-Riesenvallisnerie" bezeichnet. Eine andere mit schmalen, spitz zulaufenden, rein grünen Blättern heißt „Gigantea Narrow". Besonders dekorativ ist „Serpanta Rubra" oder „Rubra Serpanta". Sie hat gebuckelte Blattspreiten, die bis zu 120 Zentimeter lang und zwei Zentimeter breit werden. Manchmal sind sie gemustert und können unter starkem Licht flächig rot werden. Die Zwergvallisnerie (*V. nana*) ist eine sehr variable, australische Art. Ihre Blätter sind 1 bis 6 Millimeter breit und bis 120 Zentimeter lang. Die Farbe variiert von hell- bis olivgrün. Es sind zwei Formen in Kultur. Unter den Namen „Striped" und „Tiger" ist eine Farbform der Zwergvallisnerie im Handel, die schon bei geringer Beleuchtung schmale, bräunlich rote Querstreifen in den Blättern zeigt. Diese Form ist anpassungsfähiger und wächst nach dem Pflanzen schneller im Aquarium an als die zweite, schmalblättrige Form, die dunkelgrün gefärbt ist und schmale Blätter hat, die im Querschnitt elliptisch sind. Bei starker Belichtung zeigt auch diese Form eine feine Strichzeichnung.

Vallisnerien mit gedrehten Blättern. Von links nach rechts: *V. spiralis* „Torta", *V. spiralis* „Contortionist" und *V. asiatica* var. *biwaensis* (o.)

Die Zwergvallisnerie hat schmale Blätter (u.)

Die 16 *Vallisneria*-Arten

V. americana MICHAEUX 1803
V. annua JACOBS & FRANK 1997
V. anhuiensis X. S. SHEN 2001
V. asiatica MIKI 1934
V. australis JACOBS & LES 2006
V. caulescens BAILEY & MUELLER 1888
V. denseserrulata MAKINO 1921
V. erecta JACOBS 2006
V. gracilis BAILEY 1889
V. nana R. BROWN 1810
V. natans (Loureiro) HARA 1974
V. neotropicalis MARIE-VICTORIN 1943
V. rubra (Rendle) LES & JACOBS 2006
V. spinulosa YAN 1982
V. spiralis LINNÉ 1753
V. triptera JACOBS & FRANK 1997

Männliche Blütenstände von *Vallisneria spiralis* „Rot" in verschiedenen Reifestadien (o.)

Vallisneria australis „Serpanta Rubra" (u.)

Vallisnerienfrucht mit schraubig gedrehtem Stängel zwischen frei treibenden männlichen Blüten (o.)

Vallisneria australis im Abfluss des Lake Malom in Tapolca (Ungarn) (r.)

15 – 26 °C

2 – 18 °KH

pH 6,5 – 9

Vesicularia

Christmas-Moos & Co

Trauerweiden-Moos (*Vesicularia* cf. *ferrieri*)

Die *Vesicularia*-Arten sind Laubmoose. Von den sehr ähnlichen *Taxiphyllum*-Arten können sie unter dem Mikroskop daran unterschieden werden, dass ihre Blattzellen kürzer und eckig sind. Die Seitentriebe sind bei *Taxiphyllum* unverzweigt. Die Kultur ist in schwach beleuchteten Aquarien möglich, unter stärkerem Licht werden die Blätter größer und die Moose bilden mehr Seitentriebe aus. Besonders dekorativ ist das Christmas-Moos (*V. montagnei*). Es bildet so gleichmäßige, dicht stehende Verzweigungen, dass die Triebe einen dreieckigen Umriss haben und an die Zweige eines Weihnachtsbaums erinnern. Beim Weeping-Moss oder Trauerweiden-Moos (*V.* cf. *ferrieri*) ist die Verzweigung weniger regelmäßig und die Triebe hängen herunter. Das Singapur-Moos (*V. dubyana*) ist dagegen locker und unregelmäßig verzweigt.

Blattzellen von *Vesicularia*

Die Triebe des Christmas-Moos (*V. montagnei*) sind gleichmäßig verzweigt, ähnlich Tannenzweigen

Singapur-Moos (*Vesicularia dubyana*)

Zosterella

15 – 27 °C

6 – 15 °KH

pH 6,5 – 9

Grasblättriges Trugkölbchen

Das Seegrasblättrige Trugkölbchen (*Z. dubia*) ist eine subtropische Pflanze, die von den mittleren USA bis Mexiko und Kuba verbreitet ist. Die grünen, reich verzweigten Triebe wurzeln im Grund. Sie werden bis zu zwei Meter lang und die Triebspitzen fluten unter der Wasseroberfläche. Die fleischigen Blätter sind ungestielt, wechselständig, linealisch, bis fünfzehn Zentimeter lang und sechs Millimeter breit. Wegen ihrer langen Internodien kommt diese Aquarienpflanze vor allem in hohen Aquarien gut zur Geltung. *Zosterella* benötigt nur eine mittlere Beleuchtungsstärke und kommt im Aquarium regelmäßig zur Blüte.

Blüte von *Zosterella dubia*

Zosterella dubia

Pflanzen, pflegen und düngen

Aquarienpflanzen werden in verschiedenen Formen angeboten. Es gibt Bündel von Stängeln oder schmalen Blattrosetten, die von Ton- oder Keramikringen zusammengehalten werden; Kunststofftöpfe mit Steinwolle als Substrat; kleine Kunststoffbecher, in denen Invitro-Pflanzen auf einem gelartigen Nährmedium wachsen; auf Stein oder Holz aufgebundene Aufsitzer sowie Moose und Vordergrundpflanzen auf Edelstahlgittern.

Vor dem Einpflanzen werden Tonringe, Schaumstoff und Steinwolle vorsichtig entfernt. Die einzelnen Pflanzen werden voneinander getrennt und von abgestorbenen Wurzeln sowie gelben und beschädigten Blättern befreit. Gesunde Wurzeln müssen nicht gekürzt oder zurückgeschnitten werden. Sie wachsen im Aquarium weiter. Nur wenn die Wurzeln so lang sind, dass sie nicht vernünftig ins Substrat gepflanzt werden können, ist es sinnvoll, ein Stück davon abzuschneiden.

Echinodorus „Ozelot Grün“ im Topf mit Steinwolle

Gebündelte Ludwigien mit Keramikring

Bei Stängelpflanzen werden Ring und Schaumstoff entfernt, die Stängel getrennt und beschädigte und abgestorbene Blätter entfernt. Die unteren zwei Stängelknoten kommen beim Pflanzen ins Substrat und sollen neue Wurzeln bilden. Darum werden hier die Blätter auch dann abgetrennt, wenn sie gesund sind.

Getopfte Pflanzen stammen in der Regel aus der Überwasserkultur und sind einige Wochen in der Steinwolle kultiviert worden. Das Substrat ist von Wurzeln durchzogen und muss vorsichtig abgezupft und abgewaschen werden, um möglichst wenige Wurzeln zu beschädigen. Zum einen sind alle Verletzungen an der Pflanze mögliche Eintrittspforten für Bakterien und Pilze, zum anderen speichern die Pflanzen in den Wurzeln Nährstoffe, die sie zum Anwachsen im Aquarium gut gebrauchen können. Außerdem müssen die Pflanzen weniger neue Wurzeln bilden, wenn die alten erhalten bleiben.

Bucephalandra als Aufsitzer auf einem Lavabrocken

Bei Aquarienpflanzen aus der In-vitro-Kultur muss das Nährmedium sorgfältig abgewaschen werden. Es enthält Zucker, Stärke, Vitamine und Mineralstoffe. Kleine Reste werden im Aquarium

Ausläufer werden vor dem Entfernen des Topfes abgeschnitten

Werden die Wurzeln sorgfältig entwirrt, lassen sich die Pflanzen leichter aus dem Topf ziehen

Echinodorus „Ozelot Grün“ aus In-vitro-Kultur

schnell abgebaut, zu viel davon kann aber eine Bakterienblüte auslösen. In-vitro-Pflanzen werden in den Aquarienpflanzengärtnereien bereits seit den 1980er-Jahren für die Anzucht von Echinodoren, Cryptocorynen und anderen Aquarienpflanzen genutzt. Dort werden die kleinen Pflanzen über einen Zeitraum von sechs bis zwölf Wochen herangezogen und werden dabei deutlich größer, kräftiger und widerstandsfähiger. Die Verwendung von In-vitro-Pflanzen kann sinnvoll sein, wenn Vordergrundpflanzen eingesetzt werden sollen, deren Überwasserformen nicht so klein und kompakt sind wie die Unterwasserform. Zur Eingewöhnung im Aquarium sollten die Pflanzen in einem flachen Aquarium ohne Tiere eingesetzt werden. Wasserbewegungen, gründelnde Fische und das Zupfen von Garnelen lösen die Pflanzen leicht aus dem Substrat, das behindert das Anwachsen.

Wurzelstücke oder Steine mit Aufsitzern und Gitter brauchen nur ins Aquarium gelegt und etwas ins Substrat gedrückt werden.

Einsetzen

Stängelpflanzen können beim Einsetzen nach ihrer Länge sortiert werden. Die kürzeren Stängel kommen nach vorne und die längeren nach hinten, sodass ein stufiger Aufbau entsteht. Dafür können die Stängel mit einem scharfen Messer gekürzt werden. Sie dürfen dabei nicht zu kurz werden, weil die Pflanzen aus ihrem Stängel und den älteren Blättern Energie und Reservestoffe mobilisieren müssen, um neue Wurzeln zu bilden. Zu kurze Stecklinge wachsen schlecht an. Die Stecklinge werden dann einzeln in einem Abstand von etwa drei bis fünf Zentimetern gesetzt. Bei Pflanzen mit kleinen Blättern kann der Abstand etwas geringer sein, bei Arten mit großen Blättern muss der Abstand größer sein, damit die unteren Blätter nicht zu stark beschattet werden. Je dichter die Belaubung einer Aquarienpflanze ist, desto weniger sollten sich die Blätter der Stecklinge berühren. Auf einer Fläche von 10 x 10 Zentimetern können zum Beispiel neun bis zehn Stängel von *Bacopa caroliniana* stehen oder fünf bis sechs Stängel *Limnophila sessiliflora* gepflanzt werden. Bei *Limnophila aquatica* haben die Blattquirle einen Durchmesser von fünf bis zwölf Zentimetern. Darum müssen ihre Stängel zehn bis zwanzig Zentimeter voneinander und von anderen Pflanzen entfernt eingesetzt werden.

Pflanzen mit großen Blättern wie diese *Hygrophila difformis* müssen mit weiterem Abstand gesteckt werden als kleinblättrige Arten (r.)

Ein kleiner *Echinodorus* oder eine *Cryptocoryne* benötigen eine Fläche von etwa 15 x 15 Zentimetern. Größere Sorten nehmen im Aquarium zum Teil viel mehr Platz ein.

Umstellungsphase

Aquarienpflanzen investieren direkt nach der Pflanzung einen großen Teil ihrer Energiereserven in die Bildung neuer Wurzeln. Das ist notwendig, um ausreichend Halt und Nährstoffe zu finden. Erst wenn die Pflanze angewachsen ist, beginnt sie neue Blätter zu bilden. Während dieser Phase werden die älteren Blätter schnell gelb und sterben ab, was kein Grund zur Sorge ist. Um Energie und Nährstoffe zu sparen, bauen die Pflanzen Chlorophyll und Eiweiße in den alten Blättern ab und verlagern sie zusammen mit ihren Energiereserven in Stängel, Wurzeln, Rhizome oder Knollen. Die zurückgewonnene Energie und die Bausteine nutzen die Pflanzen dann, um neue Wurzeln und Unterwasserblätter zu bilden. Aus dem Grund sollten vor der Pflanzung nur so viele Blätter entfernt werden wie nötig. Mit jedem weiteren fehlenden Blatt wird die Pflanze geschwächt. Werden die ältesten Blätter entfernt, ist die Pflanze gezwungen, Energiereserven aus jüngeren Blättern zu ziehen, dann werden diese gelb und sterben ab. Das Gelbwerden der älteren Blätter in der Umstellungs- bzw.

Beim Einsetzen wirkt die Spitze der Pinzette als Schutz für die Pflanze

Es dauert einige Wochen, bis alle Blätter der Landform von *Cryptocoryne wendtii* (links) durch Unterwasserblätter ersetzt sind

Anwachsphase lässt sich auch durch zusätzliche Düngung nicht verhindern, weil die Pflanzen erst verwurzelt sein müssen, um Nährstoffe aufzunehmen. Die Nährstoffaufnahme über die Blätter funktioniert erst dann, wenn sich erste Unterwasserblätter geformt haben. Bei schnell wachsenden Stängelpflanzen dauert die komplette Umstellung etwa zwei bis drei Wochen. Dann sind nur noch Unterwasserblätter vorhanden. Bei Echinodoren und Wasserkelchen kann es unter Umständen mehrere Monate dauern, bis sie nur noch Unterwasserblätter haben.

Pflegen

Die wichtigste Pflegemaßnahme in der Aquaristik ist der Wasserwechsel. Wie viel und wie oft Wasser gewechselt werden muss, hängt vom Aquarium und seinen Bewohnern ab. Durch die Fütterung gelangen ständig Nitrat und Phosphat ins Aquarium. Sie dienen den Aquarienpflanzen als Makronährstoffe und werden im Idealfall vollständig gebunden. Beim Rückschnitt und durch das Entfernen von alten Blättern werden die Nährstoffe aus dem Becken entfernt. Würden sich die Blätter im Aquarium zersetzen, würden die darin enthaltenen Nährstoffe wieder frei werden. Das Entfernen absterbender Blätter dient darum nicht nur der Pflanzenpflege, sondern trägt maßgeblich zur Reinhaltung des Aquariums bei. Gleichzeitig verjüngt das regelmäßige Neustecken von Stängelpflanzen die Bestände. Die oberen Stängelteile sind Kopfstecklinge, aus denen die Bestände neu aufgebaut werden, während die unteren, älteren Stängelteile und die Wurzeln entfernt werden.

Die Ausscheidungen der Fische liefern nicht alle Pflanzennährstoffe im richtigen Verhältnis. Darum sammeln sich mit der Zeit überschüssige Makronährstoffe an, während andere Mineralien und Spurenelemente nicht ausreichend nachgeliefert werden. Die Folge ist, dass sich Nitrat und Phosphat ansammeln, während Kalium und Eisen schnell zu Mangelfaktoren werden. Mit der Zeit entsteht ein Ungleichgewicht in der Nährstoffversorgung der Pflanzen, was ihr gesundes Wachstum und

Ein Beispiel für ein gestörtes Gleichgewicht: Diese Zwergspeerblätter haben Stickstoffmangel, Eisenmangel und Kaliummangel. Das Wachstum der Pinselalgen wird durch einen Überschuss an Phosphat begünstigt

ihre Fähigkeit zur Wasserreinigung beeinträchtigt.

Durch Wasserwechsel werden überschüssige Makronährstoffe aus dem Aquarium entfernt und mit dem Frischwasser kommen neues Kalium, Kalzium und Magnesium ins Becken. Häufig ist aber vor allem Kalium in zu geringer Menge im Leitungswasser enthalten und auch Eisen ist vielfach ein Mangelfaktor. Eine regelmäßige Düngung hält die Pflanzen gesund.

Pflanzenschäden

Wenn Pflanzen nicht richtig wachsen, sich verfärben oder absterben, kann das verschiedene Ursachen haben. Manchmal sind es mehrere Faktoren, die für Probleme verantwortlich sind. Darum ist es immer wichtig, neben den offensichtlichen Symptomen an einzelnen Pflanzen auch andere Auffälligkeiten wie vermehrtes Algenwachstum und die Wasserwerte zu berücksichtigen. Beschädigte Blätter mit Verkrüppelungen und Löchern können durch Nährstoffmängel, aber auch durch mechanische Beschädigungen verursacht werden. Um die richtigen Gegenmaßnahmen einleiten zu können, ist es wichtig, die Ursache eindeutig zu identifizieren. Das ist nur durch den Vergleich der Symptome an allen Pflanzen in Kombination mit Wasseranalysen möglich.

Mangelsymptome

Die verschiedenen Pflanzennährstoffe haben unterschiedliche Funktionen. Fehlt einer, verursacht das immer ein für diesen Nährstoff typisches Mangelsymptom. Wichtig ist, wo an der Pflanze welche Symptome auftreten.

Manche Nährstoffe wie Stickstoff werden von der Pflanze bei Bedarf von den älteren Blättern in die jüngeren verlagert. Wenn sie fehlen, treten Mangelsymptome zuerst an den älteren Blättern auf. Andere Nährstoffe wie Eisen kann die Pflanze nicht aus vorhandenen Blättern mobilisieren. Darum sind die Symptome zuerst an den jüngsten Blättern sichtbar.

Bei Problemen mit Algen und schlechtem Pflanzenwuchs sind Wasseranalysen unverzichtbar

Je nachdem, welche Pflanzenfarbstoffe in den Blättern enthalten sind, sehen Chlorosen unterschiedlich aus

Zusätzlich gibt es bei den Mängeln Unterschiede, ob die gesamte Blattfläche betroffen ist oder ob sich die Symptome nur auf die Interkostalen oder die Blattspitze und den Blattrand beschränken. Typische Mangelsymptome sind Chlorosen, Nekrosen und Deformationen.

Chlorosen sind Verfärbungen von Blättern und Stängeln. Sie entstehen, wenn zu wenig von dem Blattgrün Chlorophyll gebildet oder dieses von der Pflanze abgebaut wird. Sind keine anderen Farbstoffe im Blatt, wird es weiß. Oft sind aber zusätzlich gelbe und rote Pflanzenfarbstoffe in den Blättern, sodass Chlorosen sich auch als Gelb- oder Rosafärbung zeigen. Außerdem können sie auftreten, wenn sich durch Störun-

Am besten sind Chlorosen im direkten Vergleich mit nicht betroffenen Pflanzen zu erkennen (o. l.)

Blattflecken an *Echinodorus*: Links ist das sortentypische Muster von *E.* „Ozelot Grün“ zu sehen. In der Mitte hat ein Rostpilz Nekrosen verursacht. Auf dem rechten Blatt sind punktförmige Nekrosen durch Manganmangel zu sehen (o. r.)

Deformationen können durch mechanische Beschädigungen oder durch Mangel verursacht werden. Diese Schwimmblätter sind durch Mikronährstoffmangel geschädigt, weil bei einem zu hohen pH-Wert keine Nährstoffaufnahme möglich war

gen im Stoffwechsel rötliche und blaue Anthocyane im Gewebe ansammeln. Dann werden die Blattadern rötlich oder das Blatt wird insgesamt bläulich oder rotbraun.

Nekrosen sind Bereiche mit abgestorbenem Gewebe. Sie zeigen sich als hell- bis dunkelbraune oder schwarze Flecken auf den Blättern. Bei weichen Pflanzen zersetzen Bakterien das abgestorbene Material sehr schnell und Schnecken fressen die Reste. Dadurch bilden sich in den Blättern Löcher.

Verkrüppelungen treten auf, wenn junges Gewebe sich nicht richtig entwickeln kann. Sie sind an den Triebspitzen oder an den Herzblättern zu finden. Blattränder sind nicht gleichmäßig oder Blattflächen verdreht und verbogen.

Mangelsymptome können unterschiedliche Ursachen haben:

- der Nährstoff fehlt
- die Aufnahme ist wegen ungünstiger Wasserwerte nicht möglich
- die Aufnahme wird durch die Konkurrenz mit anderen Nährstoffen behindert

Stickstoffmangel

Wenn Aquarienpflanzen nicht genug Stickstoff bekommen, beginnen sie ihn aus älteren Blättern zu mobilisieren und in die jüngeren Pflanzenteile zu verlagern. Reservestoffe werden aufgebraucht, Chlorophyll und Eiweiße abgebaut. Die Blätter sterben dadurch früher ab, als es sonst der Fall wäre. Sie werden schnell gelb uns beginnen zu zerfallen. Gleichzeitig hellt sich das Blattgrün in der gesamten Pflanze auf und neu gebildete Blätter bleiben kleiner. Rosettenpflanzen schrumpfen regelrecht, weil Blätter schneller absterben als neue gebildet werden. Bei Stängelpflanzen bilden sich dünne, nur spärlich belaubte und wenig verzweigte Triebe.

Weil die Pflanzen bei Stickstoffmangel in ihrem Wachstum gehemmt sind, nehmen sie insgesamt wenig Nährstoffe auf. Sie benötigen Nitrat und Phosphat etwa in einem Verhältnis von 15 zu 1. Darum ist eine häufige Begleiterscheinung von Stickstoffmangel ein Überschuss an Phosphat, der das Wachstum von Pinselalgen begünstigt. Die Zugabe von Eisendüngern fördert in so einem Fall das Algenwachstum zusätzlich.

Alle Pflanzen sind auffällig hell gefärbt. Beim schnell wachsenden Fettblatt ist die Chlorose besonders deutlich, bei *Echinodorus* sind viele alte Blätter bis auf die Blattadern zersetzt. Der Hammerschlag-Wasserkelch sollte dunkelgrün gefärbt sein

Stickstoffmangel zeigt sich immer zuerst an den älteren Blättern, bei Stängelpflanzen sind es die unteren, bei Rosettenpflanzen die äußeren Blätter

Durch eine Düngung mit Stickstoff wird der Mangel behoben und die Pflanzen werden schnell wieder kräftig und satt grün. Wenn die Pflanzen wieder wachsen, entziehen sie dem Wasser auch das überschüssige Phosphat. Weil Phosphat mit Kalzium und Eisen schwer lösliche Verbindungen eingeht, gibt es ein Phosphat-Depot im Substrat. Sinkt die Konzentration im Wasser, löst sich daraus wieder etwas und der Phosphatwert ist bereits wenige Stunden nach dem Wasserwechsel wieder so hoch wie vorher. Damit das Aquarium schnell wieder ins Gleichgewicht kommt, sind darum zusätzlich regelmäßige, große Wasserwechsel wichtig. Zur Unterstützung können vorübergehend Phosphatentferner im Filter eingesetzt werden. Es kann Monate dauern, bis ein großer Phosphatüberschuss abgebaut ist. Erst wenn sich ein stabiles Verhältnis von Stickstoff zu Phosphat von etwa 10 bis 20 zu 1 einstellt, gehen die Algen zurück. Phosphat darf aber niemals vollständig fehlen, weil es sonst bei den Pflanzen zu einem Phosphormangel kommt.

Phosphormangel

Phosphor ist Bestandteil von Adenosin-Tri-Phosphat (ATP), das als Energieträger in der Pflanze an allen Stoffwechselvorgängen beteiligt ist. Phosphormangel behindert die Aufnahme von Nährstoffen und ihre Umwandlung in Eiweiße, Fette und Kohlehydrate. Es sammeln sich als unverarbeitete Zwischenprodukte Anthocyane im Gewebe an. Dadurch verfärben sich die Blattadern und Blattstiele rot oder violett. Die Blätter bekommen eine stumpfe blaugraue Färbung. Die Pflanzen fühlen sich ungewöhnlich steif an. Weil die älteren Blätter zerfallen und nur wenige junge gebildet werden, sterben die Pflanzen von unten nach oben ab.

Im Aquarium sind diese Symptome an den Pflanzen selten deutlich sichtbar. Auffälliger sind die indirekten Folgen. Weil der Stickstoffstoffwechsel gestört ist, nehmen die Pflanzen kein Nitrat auf.

So ausgeprägte Phosphormangel-Symptome wie an diesem *Echinodorus*-Blatt sind im Aquarium selten (o.)

Schematische Darstellung eines typischen Phosphormangels

Die Folge ist, dass die Nitratkonzentration im Wasser steigt und sich Algen ausbreiten. Weil ATP auch für die Aufnahme von Mikronährstoffen notwendig ist, kann das Fehlen von Phosphat außerdem Mikronährstoffmängel verursachen.

Aquarienpflanzendünger mit Phosphat, Kalium und Mikronährstoffen beheben den Mangel und sorgen für ein gutes Wachstum. Die Pflanzen entziehen dann dem Wasser auch wieder das überschüssige Nitrat.

Kaliummangel

Kalium liegt in der Pflanze ausschließlich als Ion im Zellsaft vor. Es ist wichtig für den Wasserhaushalt und die Aufnahme von Ionen aus dem Umgebungswasser. Kaliummangel führt zu einer Störung der Zellatmung, des Kohlehydrat- und Proteinstoffwechsels. Symptome sind plötzliches Absterben von Zellen. Bei *Hygrophila*-Arten entwickeln sich punktförmige Nekrosen, um die sich Chlorosen

Bei einem Kaliummangel können überall an der Pflanze Nekrosen auftreten

An Javafarn zeigt sich Kaliummangel deutlich als schwarze Nekrosen an den Blättern

Der erste Eindruck täuscht: Die Löcher in den Blättern dieser *Hygrophila* entstanden durch Kaliummangel. Die Schnecken fressen das abgestorbene Material der Nekrosen

Bei *Aponogeton* bleiben die Blätter kleiner und es bilden sich dunkle Flecken. Junge Blätter sind bräunlich verfärbt. Nach der Düngung sind die neuen Blätter frischgrün und werden größer

bilden. Bei *Aponogeton* entstehen unregelmäßige, wässrige Blattflecken, die sich dunkel färben. Beim Javafarn sind die Nekrosen schwarz. Junge Blätter können bräunlich verfärbt und auffällig klein sein. Insgesamt ist das Wachstum bei Kaliummangel langsam. Wasserfreunde (*Hygrophila*) sind besonders anfällig für Kaliummangel und können als Indikatorpflanzen verwendet werden.

Wasserkelche können bei einer wöchentlichen Stoßdüngung auf Kaliumwerte über 20 mg/l mit Cryptocorynenfäule reagieren. Sicherer ist der Einsatz von Tagesdüngern oder Langzeitdüngern, die kontinuierlich einen niedrigen Kaliumwert im Wasser aufrechterhalten.

Eisenmangel

Eisen ist unter anderem Bestandteil von Chlorophyllvorstufen und Enzymen, die an der Umwandlung von Stickstoff in der Pflanze notwendig sind. Weil es in der Pflanze nicht verlagert werden kann, treten Symptome zuerst an den jungen Blättern auf.

Ein typisches Symptom für Eisenmangel ist eine zunehmende Aufhellung des Blattgrüns, wobei die Blattadern oft lange normal gefärbt sind. Die jüngsten Blätter werden bei akutem Eisenmangel gelb, rosa oder weiß. Mit jedem neuen Blatt werden die Symptome bei anhaltendem Mangel immer stärker. Bekommt die Pflanze eine Düngung, haben die danach gebildeten Blätter eine normale grüne Färbung. Die vorherigen bleiben jedoch chlorotisch. Enthält das Wechselwasser zu wenig Eisen, treten schnell Mangelsymptome auf. Eisen und andere Spurenelemente wie Kupfer, Zink und Molybdän werden aber auch von Zeolith im Filter gebunden.

Eisenmangel kann aber nicht nur durch das Fehlen von Eisen verursacht werden. Auch eine schlechte Verfügbarkeit kann die Ursache sein. Pflanzen nehmen Eisen nur in zweiwertiger Form als Fe^{2+} auf. In sauerstoffreichem Milieu wird dieses aber zu dreiwertigem Eisen oxidiert (Fe^{3+}). Dann können es die Pflan-

Durch andauernden Eisenmangel sind die Blätter dieser *Anubias barteri* var. *coffeifolia* zunächst hellgrün und dann zitronengelb geworden

Die Eisenmangelsymptome werden mit jedem neuen Blattpaar deutlicher

Bei Eisenmangel werden die Interkostalen gelb, während die Blattadern grün bleiben (rechts). Bei buntlaubigen Aquarienpflanzen-Sorten sind dagegen die Blattadern gelb und die Interkostalen grün (links und Mitte)

Eisenmangel zeigt sich zuerst an den jüngeren Blättern

Starker Eisenmangel am Amerikanischen Kammblatt (*Proserpinaca palustris*)

Bei rotblättrigen Pflanzen wie diesem Papageienblatt werden chlorotische Pflanzen rosa bis weiß

zen nur gebunden an andere Moleküle aufnehmen. Dazu scheiden sie über die Wurzeln organische Verbindungen aus und machen sich das Eisen aus dem Boden verfügbar. Gut eingewurzelte Rosettenpflanzen können sich aus dem Substrat leichter mit Eisen versorgen als regelmäßig neu gesteckte Stängelpflanzen. Auch der pH-Wert hat Einfluss auf die Verfügbarkeit von Eisen. Weil seine Löslichkeit mit zunehmendem pH-Wert abnimmt, ist für die Eisenversorgung der Pflanzen ein pH-Wert von 6,0 bis 6,5 ideal. Bei höheren pH-Werten können trotz ausreichendem Eisendünger Mangelsymptome auftreten. Zusätzlich können Überangebote an Phosphat, Nitrat, Kalzium und Magnesium sowie ein Mangel an Kalium die Eisenaufnahme von Pflanzen behindern.

Bei rotblättrigen Pflanzen verschwinden zuerst die grünen Farbstoffe und später auch die roten

Kalziummangel

Kalzium stabilisiert die Zellwände und die Membranen. Es ist wichtig für die Aufrechterhaltung der verschiedenen Reaktionsräume in der Zelle. Gleichzeitig fungiert es als Warnsignal und ist im Zellsaft immer nur in geringer Konzentration vorhanden.

Charakteristische Mangelsymptome sind die Ausbildung von Chlorosen an den Blatträndern, die sich v-förmig von der Spitze nach unten ausbreiten und bei Landpflanzen eintrocknen. Im Aquarium wird das abgestorbene Gewebe schnell abgebaut, sodass die Spitzen und die Ränder der Blätter fehlen.

Kalzium ist meistens in ausreichender Menge im Leitungswasser vorhanden. Mangelsymptome treten im Aquarium auf, wenn mit aufbereitetem, weichem Wasser gearbeitet wird oder regelmäßige Wasserwechsel ausbleiben.

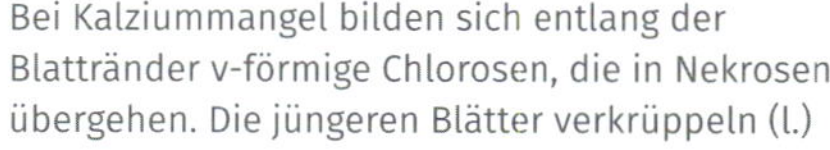

Bei Kalziummangel bilden sich entlang der Blattränder v-förmige Chlorosen, die in Nekrosen übergehen. Die jüngeren Blätter verkrüppeln (l.)

Hygrophila corymbosa zeigt häufiger als andere Aquarienpflanzen Kalziummangel (o. r.)

Hygrophila mit Kalziummangel (u. r.)

Der Hammerschlag-Wasserkelch und der Riesenwasserkelch wachsen besser, wenn im Wasser ausreichend Kalzium vorhanden ist. Es werden schneller und mehr Ausläufer gebildet und die Blätter werden größer.

Wendts Wasserkelch mit Kalziummangelsymptomen

Magnesiummangel

Der Anteil von Magnesium an der Trockensubstanz der Pflanze beträgt ca. 0,1 bis 0,5 Prozent. Magnesium ist das Zentralatom des Chlorophylls. Es beeinflusst außerdem etwa 300 verschiedene Enzyme und aktiviert die Ribosomen, die die Eiweiße in der Pflanze herstellen. Außerdem steuert Magnesium Hormonfunktionen.

Magnesiummangel stört den gesamten Stoffwechsel der Pflanze. Akuter Mangel äußert sich in der Bildung von Chlorosen zwischen den Blattadern. Hält der Mangel länger an, bilden sich in

Magnesiummangel zeigt sich zuerst an älteren Blättern

Überwasserform des Indischen Sumpffreunds mit Magnesiummangel

den aufgehellten Flächen Nekrosen. Im Aquarium ist das Auftreten akuter Mangelsymptome unwahrscheinlich. Magnesium ist wie Kalzium im Leitungswasser enthalten, es wird aber nur etwa ein Zehntel der Menge benötigt. Bevor Magnesium zum Mangelfaktor wird, treten vorher Kalziummangelsymptome auf.

Mangelsymptome beheben

Jedes Aquarium ist einzigartig und es gibt nicht den perfekten Dünger, mit dem sich in jedem Aquarium immer optimales Pflanzenwachstum erzielen lässt. Der passende Dünger ist der, der die im Aquarium fehlenden Nährstoffe in der richtigen Zusammensetzung liefert. Zunächst einmal ist es aber wichtig herauszufinden, was die Ursache für den Mangel ist.

Für Mangelsymptome an Aquarienpflanzen gibt es drei mögliche Ursachen:

- der Nährstoff fehlt
- der Nährstoff ist nicht verfügbar
- die Aufnahme ist gestört

Weil ein zu hoher pH-Wert und eine Konkurrenz der Ionen untereinander zu einer Störung der Nährstoffaufnahme führen, ist es wichtig, das Aquarium im Ganzen zu betrachten. Es muss ein ausgewogenes Verhältnis der Nährstoffe zueinander vorliegen. Das kann bedeuten, einen fehlenden Nährstoff zu ergänzen. Es ist aber auch möglich, dass die Entfernung von überschüssigem Nitrat oder Phosphat durch regelmäßigere Wasserwechsel ein herrschendes Ungleichgewicht behebt oder das Entfernen von Phosphatabsorbern oder Zeolith aus dem Filter eine Verbesserung bringt. Darum müssen beim Auftreten von Mangelsymptomen immer der pH-Wert und der Nitrat- und Phosphatgehalt des Wassers bestimmt und die übrigen Faktoren wie Temperatur, Filtermaterial und Substrat berücksichtigt werden.

Speerblätter haben festere Blätter, leiden auf Dauer aber auch unter der mechanischen Belastung

Blattschäden durch Fraß

Manche Tiere fressen gezielt an Pflanzen, andere beschädigen die Blätter und Triebe versehentlich. Die häufigsten Blattschäden bei Aquarienpflanzen entstehen durch das ständige Schaben von Harnischwelsen. Hierdurch wird die Oberfläche der Blätter abgetragen, aber die zähen Blattadern bleiben erhalten. Dadurch entsteht ein Gitterwerk mit eckigen Löchern. Die Schäden finden sich an Pflanzen mit großen, festen Blättern, auf denen die Welse bequem liegen können. Besonders deutlich sind sie bei *Echinodorus* und *Anubias* zu sehen, weil diese Aquarienpflanzen eine lange Blattlebensdauer haben und über längere Zeit immer wieder von den Welsen besucht werden.

Stehen den Welsen genug Plätze auf oder unter Wurzeln zur Verfügung und werden sie täglich ausreichend mit frischem Gemüse wie Gurken, Zucchini oder Paprika versorgt, halten sich die Schäden in Grenzen. Nicht in jedem Aquarium mit Harnischwelsen kommt es zu solchen Blattschäden. Sie können

Meistens entstehen Löcher in den Blättern, wenn Schnecken abgestorbene Blattbereiche fressen (o. l.)

Das ständige Raspeln von *Ancistrus* schadet den Blättern (o. r.)

Apfelschnecken können große Stücke aus harten Pflanzen wie Javafarn beißen (u. r.)

Welse raspeln die Oberfläche der Blätter ab und hinterlassen ein Gitterwerk aus Blattadern (l.)

An *Echinodorus* sind oft Schäden zu sehen, die von Welsen verursacht wurden (r.)

aber plötzlich auftreten, wenn die Tiere sich vermehren.

Von Schnecken verursachte Blattschäden sehen anders aus. Schnecken beißen Stücke aus den Blättern oder kappen die Stängel, um diese im Ganzen zu fressen. Es entstehen rundliche Löcher oder Buchten am Blattrand. Die Blattrippen und Stängel werden mitgefressen. Hauptsächlich werden weiche und feine Blätter im Ganzen verzehrt. Große Apfelschnecken können aber auch problemlos Stücke von Javafarn oder Speerblättern abbeißen. Die meisten Schnecken im Aquarium fressen aber nur abgestorbene Bereiche der Blätter. Ihre Kiefer sind nicht stark genug, um festes Pflanzenmaterial zu zerbeißen.

Der richtige Dünger

Bei gutem Dünger ist grundsätzlich nicht nur eine Düngeempfehlung, sondern auch die genaue Zusammensetzung angegeben. Die empfohlenen Mengen können aber nicht für ein Starklichtbecken mit vielen raschwüchsigen Stängelpflanzen ebenso passen, wie für ein Aquarium mit Moosen, Farnen und *Bucephalandra*. Mit den Mengenangaben wird es möglich, den passenden

Chelatoren sind Moleküle, die an Ionen binden und mit ihnen ungeladene Chelat-Komplexe bilden. Diese ungeladenen Moleküle reagieren nicht mit anderen Ionen und oxidieren auch nicht. So sind die Nährstoffe auch bei ungünstigen pH-Werten verfügbar.

Bedarf für das eigene Aquarium selbst auszurechnen.

Eisenvolldünger enthalten Eisen, Kalium und alle wichtigen Spurenelemente. Auf guten Düngern ist angegeben, in welchen Mengen Eisen, Mangan, Bor, Kupfer, Molybdän und Zink enthalten sind. Vorsicht ist geboten, wenn diese Angaben fehlen, weil bei der Verwendung reiner Eisendünger ein Nährstoffungleichgewicht dazu führen kann, dass die Aufnahme der anderen Spurenelemente behindert wird.

Damit die Nährstoffe im Aquarium über mehrere Tage hinweg verfügbar bleiben, enthalten die Dünger Chelatoren wie EDTA, HEDTA, DTPA und NTA. Sie verhindern, dass das Eisen oxidiert oder als unlösliches Eisenphosphat ausfällt. Methylparaben und Ascorbinsäure sind Antioxydanzien, die verhindern, dass aus zweiwertigem Eisen (Fe^{2+}) dreiwertiges Eisen (Fe^{3+}) wird, welches die Pflanzen ebenfalls nicht aufnehmen können. Durch diese Zusatzstoffe ist es möglich, Eisenvolldünger in einer wöchentlichen Stoßdüngung zu dosieren. Die Chelatoren und Antioxydanzien werden von den Pflanzen mit dem Eisen zusammen aufgenommen und im Stoffwechsel abgebaut. Diese für die wöchentliche Düngung vorgesehenen Dünger enthalten nur wenig Kalium. Eine volle Wochenration Kalium auf einen Schlag zu bekommen würde den Pflanzen schaden. Eisenvolldünger mit viel Kalium werden als Tagesdünger dosiert. Bei der Dosierung von reinen Kaliumdüngern ist ebenfalls Vorsicht geboten.

Zeolith im Filter bindet Stickstoff, Phosphat, Eisen und Spurenelemente (o.)

Flüssigdünger sind leicht zu dosieren (u.)

Makronährstoffdünger gibt es als reine Stickstoff- oder Phosphatdünger und auch in Kombination mit Kalium, Eisen und Spurenelementen. Welcher Dünger geeignet ist, hängt allein vom Nährstoffbedarf des Aquariums ab.

Foto: © opogpsum – stock.adobe.com

Die Düngerform

Aquarienpflanzen-Dünger werden in flüssiger Form als Nährstofflösungen angeboten, als Düngekugeln mit Ton, als Tabletten, Kapseln oder als Langzeitdünger auf einem unlöslichen Trägermaterial.

Flüssigdünger wirken schnell, weil sie sofort aus dem Wasser aufgenommen werden können. Sie lassen sich leicht mit Messbechern, Pumpspendern oder Düngeautomaten wöchentlich oder auch täglich dosieren. Die Düngermischungen werden zum Teil auch als Nachfüllpacks in Pulverform angeboten. Das Pulver wird einfach in der Flasche in Wasser aufgelöst und fertig ist der frische Flüssigdünger. Das spart Verpackungsmüll und reduziert Transportkosten.

Düngekugeln, Kapseln und Tabletten werden in den Bodengrund gedrückt. Sie

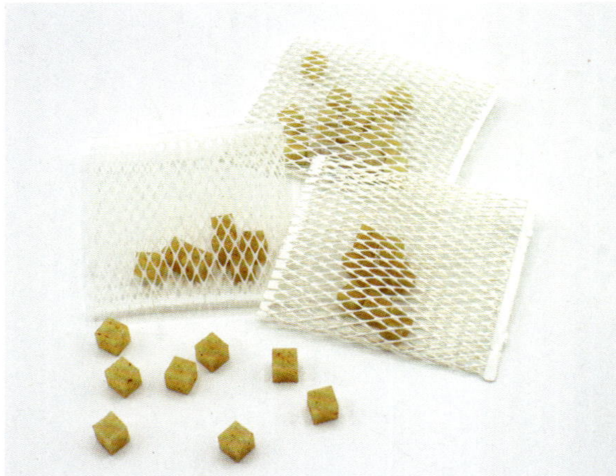

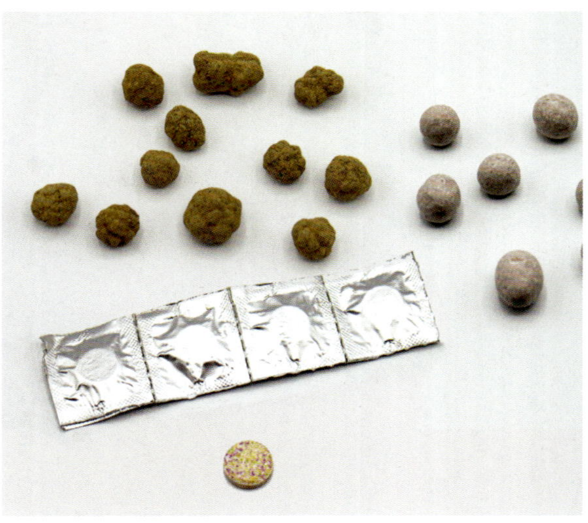

Der Langzeitdünger hält über drei Monate lang die Nährstoffkonzentration konstant (o. l.)

Düngekugeln und Tabletten eignen sich zum gezielten Düngen einzelner Pflanzen (u. l.)

Oft werden die ersten Mangelsymptome übersehen (u.)

sind gut für Pflanzen, die ihre Nährstoffe hauptsächlich über die Wurzeln aus dem Boden aufnehmen. Direkt im Wurzelraum einer Pflanze platziert, geben sie ihre Nährstoffe über einen Zeitraum von mehreren Wochen ab.

Besonders einfach ist die Dosierung von **Langzeitdünger**. Das wasserunlösliche Material wird als Streifen oder in Form von Würfeln in einem Netzbeutel im Filter oder an einer anderen gut durchströmten Stelle im Aquarium platziert und setzt über drei Monate hinweg ständig die gleiche Menge an Nährstoffen frei. Nach Ablauf der Zeit wird der Beutel durch einen neuen ersetzt.

Für die Düngung mit Magnesium und Kalzium können spezielle Einzelnährstoffdünger verwendet werden. Es ist aber auch die Gabe von Mineralien möglich, die für Diskus und andere Fische verwendet werden. Diese entsprechen dann auch gleichzeitig den Bedürfnissen der Tiere.

Dünger, in der richtigen Menge gegeben, ist für Fische und andere Aquarienbewohner ungefährlich

Algen

Algen sind ein natürlicher Bestandteil der Unterwasserlandschaft und in jedem Aquarium vorhanden. Sie gelangen mit Pflanzen, in Lebend- und Frostfutter, im Darm von Fischen und Wirbellosen und auch durch gebrauchte Dekoration und Netze ins Becken. Der Moosball (*Aegagropila linnaei*), der als dekoratives Element absichtlich ins Aquarium eingesetzt wird, ist eine hartnäckige, fädige Grünalge, die sich im gesamten Aquarium ausbreiten kann. Außerdem haben viele Algenarten sehr robuste Dauerstadien, die durch die Luft verbreitet werden.

In Gewässern sind sie die Grundlage der Nahrungskette. Sie dienen Zooplankton, Kleinkrebsen, Fischbrut und Larven von Amphibien als Futter. Es ernähren sich auch viele ausgewachsene Fische, Garnelen, Krebse und Schnecken von ihnen. Weil sie reich an Vitaminen, ungesättigten Fettsäuren und Eiweißen sind, werden einige wie die Grünalge *Chlorella* oder die Blaualge *Spirulina* Fischfutter zugesetzt und sogar als Nahrungsergänzungsmittel für Menschen angeboten.

Grundsätzlich haben Algen einen positiven Einfluss auf das Leben im Aquarium. Durch Massenvermehrung können sie aber lästig werden. Am besten lassen sie sich durch regelmäßige Wasserwechsel und die Konkurrenz von gut wachsenden Aquarienpflanzen im Zaum halten. Etwa 80 Prozent der Grundfläche eines Aquariums sollten mit Aquarienpflanzen

Wenn nicht genug Aquarienpflanzen vorhanden sind, nutzen Algen die Nährstoffe. Foto: H.J. Winter

Aegagropila breitet sich auf einem Mattenfilter aus

besetzt sein. Etwa die Hälfte davon sollten schnell wachsende Arten sein. Bei passenden Lichtverhältnissen und einer ausgewogenen Nährstoffversorgung ist der Pflanzenbestand in der Lage, effektiv mit Algen um Nährstoffe zu konkurrieren.

Algen und Licht

Gegen Algen wird oft eine Dunkelkur empfohlen. Weil Algen Licht für die Fotosynthese benötigen, sterben sie in der Dunkelheit auch tatsächlich ab – allerdings erst nach den meisten Aquarienpflanzen.

Algen benötigen wenig Licht zum Überleben. Bei Süßwasser-Rotalgen wurden Kompensationspunkte unter 100 Lux festgestellt und bei der Süßwasserschwebealge (*Chlorella vulgaris*) 320 Lux.

Der Moosball (*Aegagropila linnaei*) ist eine Kugel aus verfilzten, grünen Fadenalgen

Für den Malawi-Beulenkopf (*Cyrtocara moorii*) sind Algen eine wichtige Nahrungsquelle

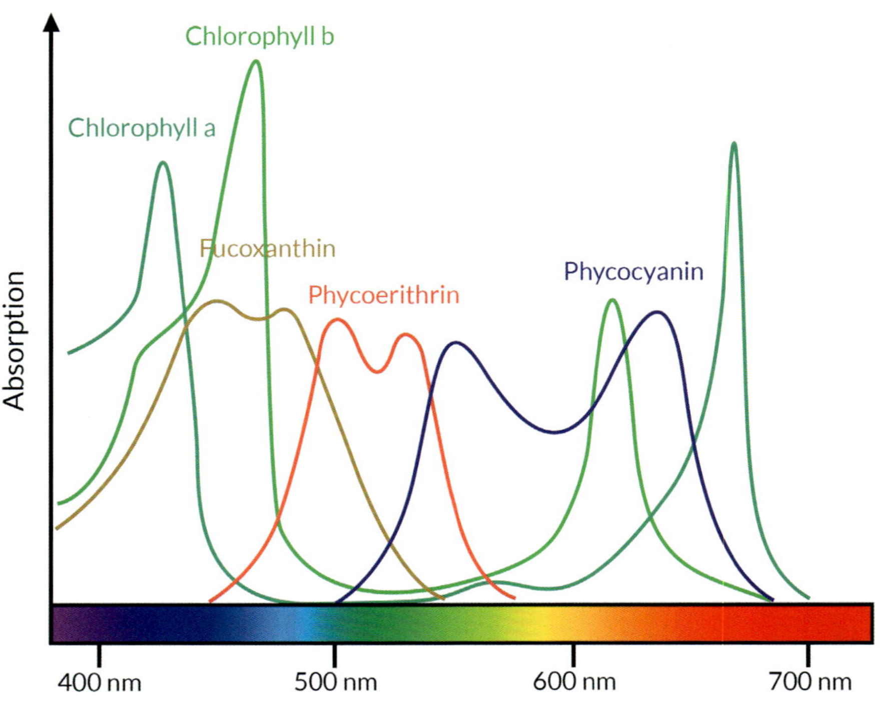

Algen haben Pigmente, mit denen sie Wellenlängen für die Fotosynthese nutzen können, die für die höheren Pflanzen nicht nutzbar sind

Kieselalgen brauchen wie anspruchslose Wasserkelche, Farne und Moose nur etwa 400 Lux. Bei Grünalgen und Blaualgen liegt der Kompensationspunkt zwischen 500 und 1000 Lux. Das entspricht dem, was der Indische Wasserfreund (*Hygrophila polysperma*) oder der Blütenstiellose Sumpffreund (*Limnophila sessiliflora*) benötigt. Die Kompensationspunkte von *Mougeotia* und *Cladophora* liegen bei 540 und 1500 Lux. Die bekannte Spirulina-Alge (*Athrospira platensis*) braucht eine Beleuchtungsstärke von 820 Lux, um zu überleben. Ist die Lichtstärke der begrenzende Faktor für das Wachstum der Aquarienpflanzen, dann sind die Algen deutlich im Vorteil.

Auch eine Unterbrechung der täglichen Beleuchtungsdauer durch eine „Mittagspause“ schränkt das Wachstum von Algen nicht ein. Sinnvoller wäre es, im Zweifelsfall die Lichtstärke zu erhöhen und die Wuchsbedingungen der Pflanzen dadurch zu verbessern.

Auch mit der Wahl einer anderen Lichtfarbe kann Algenwachstum nicht verhindert werden.

Höhere Pflanzen und Grünalgen bilden die Chlorophylle a und b und haben als Hilfspigmente Carotinoide. Weil die Chlorophylle Licht im blauen und roten Spektrum absorbieren, aber grünes und gelbes Licht reflektieren, sehen sie grün aus. Aquarienpflanzen und Grünalgen können den grünen Anteil des sichtbaren Lichts nicht effektiv für ihre Fotosynthese nutzen. Algen sind dazu aber in der Lage, weil sie andere Pigmente für die Fotosynthese nutzen. Ihnen reicht das von den Pflanzen wieder abgestrahlte Lichtspektrum aus.

Kieselalgen verwenden zur Fotosynthese Chlorophyll a, c und das Carotinoid Fucoxanthin. Rotalgen und Cyanobakterien bilden zusätzlich zu Chlorophyll a und Carotinoiden sogenannte Phycobiliproteine, mit denen sie grüngelbes Licht nutzen können. Blaualgen haben vor allem das blaue Phycocyanin. In Rotalgen dominiert das rötliche Phycoerythrin. Durch diese Anpassungen sind Algen in der Lage, einen größeren Bereich des Lichtspektrums für die Fotosynthese zu verwenden als die höheren Pflanzen. Das bedeutet, dass die Algen unter gutem „Pflanzenlicht" keine Nachteile haben, aber bei einer Beleuchtung mit einem hohen grüngelben Anteil den Aquarienpflanzen gegenüber im Vorteil sind. Pflanzenlampen schaden den Algen nicht, machen aber die höheren Pflanzen konkurrenzfähiger.

Algen und Nährstoffe

Algen benötigen die gleichen Nährstoffe wie höhere Pflanzen. Schwebealgen wie *Chlorella, Anabaena* und *Nitzschia* können dem Wasser täglich bis zu 9 mg/l Nitrat entziehen, wenn ihnen ausreichend Phosphat und Licht zur Verfügung stehen.

Da ihr Körper aber etwas anders aufgebaut ist, verwerten sie Stickstoff, Phosphor, Kalium und Eisen in anderen Mengenverhältnissen. Beispielsweise nehmen Grünalgen Stickstoff und Phosphat in einem Verhältnis von 30:1 auf. Diatomeen brauchen diese Nährstoffe in einem Verhältnis von 10:1 und zusätzlich Silizium für den Aufbau ihrer Schalen. Ist das Verhältnis der Nährstoffe zueinander nicht optimal für die Algen, limitiert der anteilig zu geringe Nährstoff ihr Wachstum, so wie es auch bei den Aquarienpflanzen der Fall ist. Es ist nicht möglich, durch das Einstellen eines bestimmten Nährstoffverhältnisses Algenwachstum zu verhindern. Liegen im Aquarium aber die optimalen Wuchsbedingungen für Aquarienpflanzen vor, können diese gut wachsen und das Angebot an Nährstoffen so weit verringern, dass die Algen sich nicht übermäßig vermehren können.

Auch der Kohlendioxidbedarf von Algen ist unterschiedlich. Der Sättigungspunkt der grünen Schwebealge *Chlorella vulgaris* ist bereits bei 1 bis 7 mg/l erreicht, der von der Plattenalge *Mougeotia* zwischen 3 und 25 mg/l. Auch eine Kohlendioxiddüngung kann nur indirekt gegen Algen wirken, indem sie das Pflanzenwachstum verbessert.

Grünalgen – Chlorophyta

Grünalgen sind in ihren Ansprüchen den Aquarienpflanzen sehr ähnlich. Sie nutzen das gleiche Lichtspektrum für ihre Fotosynthese. Sie benötigen jedoch im Verhältnis zum Phosphor mehr Stickstoff als höhere Pflanzen. Sie vermehren sich darum besonders gut, wenn die Nitratkonzentration im Wasser hoch ist. Es sind in der Aquaristik einzellige und mehrzellige Grünalgen verbreitet. Sie leben als Schwebealgen frei im Wasser oder wachsen auf Pflanzen und Einrichtungsgegenständen.

Grüne Schwebealgen lassen sich leicht mithilfe von UV-C-Klärern beseitigen. Sie verklumpen und bleiben im Filter hängen. Das Entfernen der Algen aus dem Filter und ein umfangreicher Wasserwechsel verhindern, dass die in ihnen gebundenen Nährstoffe freigesetzt werden, wenn diese sich zersetzen.

Fädige Algen lassen sich am besten mechanisch entfernen. Hilfreich sind Holzstäbchen und andere raue Materialien, an denen die Fäden gut hängenbleiben. Wie beim Ausputzen von Aquarienpflanzen werden auch beim Entfernen von Algen in ihnen gebundene Nährstoffe aus dem Aquarium entfernt.

Von der Einrichtung lassen sich Grünalgen mit Scheibenreinigern, Schwämmen und Bürsten abwischen. Von Blättern lassen sie sich nicht entfernen, ohne die Pflanzen zu schädigen. Darum ist die beste Möglichkeit, stark veralgte Blätter ganz zu entfernen.

Fädige Grünalgen auf Javafarn (l.)

Astalgen der Gattung *Cladophora* (r.)

Weil die Blätter von Wasserkelchen sehr langlebig sind, siedeln sich dort häufiger Algen an als auf den Blättern von Stängelpflanzen

Grünes Wasser und Kahmhaut werden meistens von einer Mischung aus verschiedenen Grün- und Blaualgen verursacht

Rotalgen – Rhodophyta

Die meisten Rotalgen leben im Meer. Nur wenige Arten kommen im Aquarium vor. Weit verbreitet sind Pinselalgen aus der Gattung *Rhodochorton* und Bartalgen der Gattung *Compsopogon*.

Rotalgen nutzen Chlorophyll a und Phycoerythrin für die Energiegewinnung. Dadurch können sie ein weiteres Lichtspektrum für die Fotosynthese nutzen als höhere Pflanzen oder Grünalgen. Ihr Lichtbedarf ist besonders gering.

Pinselalgen und Bartalgen wachsen oft auf alten, langlebigen Blättern. Besonders betroffen sind *Anubias*, *Echinodorus* und Wasserkelche. Ihre Blätter werden zum Teil mehrere Jahre alt. Bei schnell wachsenden Stängelpflanzen vergehen die Blätter dagegen oft bereits nach wenigen Wochen. Sie werden zu schnell von den Pflanzen abgestoßen, um von den Algen besiedelt zu werden.

Rotalgen sind häufig in Aquarien zu finden, in denen der Phosphatwert hoch und Stickstoff der limitierende Wachstumsfaktor ist. Ein hoher pH-Wert und geringe CO_2-Gehalte begünstigen ihr

Bartalgen der Gattung *Compsopogon* sind häufig in Aquarien zu finden

Hier haben sich Pinselalgen der Gattung *Audouinella* sp. auf einem Speerblatt angesiedelt

Audouinella sp. auf einem Wasserkelch

Wachstum. Sie nutzen zur Kohlenstoffgewinnung biogene Entkalkung und lagern Kalk in ihren Zellen ein, wodurch sie für Algenfresser uninteressant werden. Regelmäßige Wasserwechsel, weicheres Wasser, ein pH-Wert unter 7 und ausreichend freies Kohlendioxid, um biogene Entkalkung zu verhindern, wirken gegen Pinsel- und Bartalgen. Eine zusätzliche CO_2-Düngung kann sie zurückdrängen.

Braunalgen, Kieselalgen – Diatomeen

Kieselalgen bilden bräunliche Beläge auf den Scheiben, der Dekoration und Pflanzen. Darum werden sie von Aquarianern auch als Braunalgen bezeichnet. Sie treten vor allem in frisch eingerichteten Aquarien auf. Freie Kieselsäure (Silikat) fördert ihr Auftreten. Die Algen werden von Nixenschnecken, Ohrgitter-Harnischwelsen und der Rötlichen Saugbarbe (*Garra rufa*) gefressen.

Häufig bestehen Kieselalgen-Beläge aus einer Mischung verschiedener Arten. Kieselalgen sind Einzeller mit zweiteiligen Schalen. Sie leben einzeln in Plankton oder bilden Ketten auf Substraten. Sie benötigen weniger Licht als höhere Wasserpflanzen. Untersuchungen haben gezeigt, dass sie am besten unter Licht mit einem hohen Blauanteil wachsen.

Kieselalgen auf *Cryptocoryne pontederiifolia*

Blaualgen – Cyanobakterien

Blaualgen bilden grüne, blaugrüne bis blauschwarze, schleimige und übelriechende Beläge. Sie sind oft an Stellen zu finden, an denen sich Futterreste sammeln. Dazu reicht es, dass sich ein dünner Film aus Eiweißen, Fetten und Kohlehydraten an einer strömungsarmen Stelle absetzt. Schnecken oder andere Restevertilger beseitigen diese Abfallstoffe und machen es den Bakterien schwieriger, sich anzusiedeln. Manche Blaualgen enthalten Giftstoffe und werden nicht von allen Tieren gefressen. Die meisten Cyanobakterien im Aquarium gehören zur Gattung *Oscillatoria*. *Lyngbya* ist eine Gattung langer, fädiger Cyanobakterien. Sie sehen aus wie graugrüne Faden- oder Pinselalgen. Das Wachstum von Blaualgen wird durch Stickstoff gefördert.

Blaualgen entwickeln sich oft dort, wo sich organische Rückstände aus dem Futter absetzen

Tierische Algenvertilger

Bekannte Algenvertilger wie die Amano-Garnele (*Caridina japonica*), die Algengarnele (*Neocaridina davidi*) oder die Zebra-Rennschnecke (*Neritina turrita*) werden häufig zur Bekämpfung von unerwünschtem Algenwuchs im Aquarium eingesetzt. Die Anschaffung von Tieren zur Algenbekämpfung muss aber gut überlegt sein. Sofern ihre Lebensansprüche erfüllt sind, ist gegen ihre Haltung nichts einzuwenden. Aber die Tiere benötigen auch ausreichend Futter. Spätestens wenn alle sichtbaren Algen weg sind, müssen sie bei der Futtergabe mitberücksichtigt werden.

Die Siamesische Rüsselbarbe (*Crossocheilus oblongus*), der Netzpinselal-

Fraßspuren von *Neritina turrita* an einer veralgten Aquarienscheibe

genfresser (*Crossocheilus reticulatus*) und der Rotstrichalgenfresser (*Puntius denisonii*) sind gesellige Tiere und werden bis zu 15 Zentimeter groß. Auf Dauer können sie nur in großen Aquarien artgerecht gehalten werden. Werden Jungtiere „nach getaner Arbeit" aus einem kleineren Aquarium umgesiedelt, werden die Algen wiederkommen, falls die Ursache des Algenwachstums nicht zwischenzeitlich behoben wurde.

Die Grenzen der Algenbekämpfung sind hier gut sichtbar. An den Blatträndern dieses *Echinodorus* ist ein dichter Saum aus Pinselalgen. Die Blattspreiten sind von den Harnischwelsen, die zur Algenbekämpfung eingesetzt worden sind, schwer beschädigt (r.)

Amano-Garnelen sind beliebte Algenvertilger (u.)

Zusätzliche Tiere im Aquarium bedeuten immer eine zusätzliche Belastung des Wassers. Ganz gleich, ob ihre Stoffwechselprodukte aus der Verdauung von Algen stammen oder aus Fischfutter. Überbesatz ist in jedem Fall zu vermeiden. Eine gute Wasserpflege mit regelmäßigen Wasserwechseln und eine gezielte Düngung können durch Algenfresser nicht ersetzt werden.

Rötliche Saugschmerle *Garra rufa* (o.)

Rotstrichalgenfresser (*Puntius denisonii*) und Netzpinselalgenfresser (*Crossocheilus reticulatus*) werden bis zu 15 Zentimeter groß (l.)

Foto: C. Lukhaup

Foto: A. Behrendt

Amanogarnelen (oben) und Zebra-Rennschnecken (unten) sind gute Algenvertilger

Register der Pflanzennamen

Glossar

Adventivpflanzen .... Jungpflanzen, die sich an Blütentrieben oder an Blättern entwickeln

Amphiphyten/
Pseudohydrophyten .... Pflanzen, die über und unter Wasser wachsen

Anthocyane .... wasserlösliche Pflanzenfarbstoffe

Chlorosen .... Verfärbung von Pflanzengewebe, durch Chlorophyllmangel oder Einlagerungen von Pflanzenfarbstoffen

Helophyten .... echte Sumpfpflanzen

Hydrophyten .... echte Wasserpflanzen

Interkostalen .... Flächen zwischen den Blattadern

Nekrosen .... abgestorbene Gewebeteile

Nodien .... Blattknoten, aus denen Blätter wachsen

Rheophyten .... Pflanzen, die an ein Leben in starker Wasserströmung angepasst sind

Rhizoide .... haarähnliche Gebilde, die bei Moosen Wurzeln ersetzen

Rhizom .... kriechender Spross

Ribosome .... sind verantworlich für die Herstellung der Eiweiße

Solitärpflanze .... Einzelpflanze

Spatha .... Hüllblatt um Blüten

Spreite .... flächiger Teil des Blattes oberhalb des Stieles

Stolonen .... Ausläufer aus den Seitensprossen einer Pflanze